라이엘이 들려주는 지질 조사 이야기

라이엘이 들려주는 지질조사 이야기

ⓒ 이한조, 2010

초 판 1쇄 발행일 | 2006년 7월 5일
개정판 1쇄 발행일 | 2010년 9월 1일
개정판 11쇄 발행일 | 2021년 5월 31일

지은이 | 이한조
펴낸이 | 정은영
펴낸곳 | (주)자음과모음

출판등록 | 2001년 11월 28일 제2001-000259호
주   소 | 04047 서울시 마포구 양화로6길 49
전   화 | 편집부 (02)324-2347, 경영지원부 (02)325-6047
팩   스 | 편집부 (02)324-2348, 경영지원부 (02)2648-1311
e-mail | jamoteen@jamobook.com

ISBN 978-89-544-2097-6 (44400)

라이엘이 들려주는

지질 조사
이야기

| 이한조 지음 |

㈜자음과모음

지구의 숨결을 느끼고 싶은 청소년을 위한 '지질 조사' 이야기

    지질학은 작게는 광물을 구성하는 원소에서부터 크게는 지구의 형성 과정까지 광범위한 규모의 시간과 공간을 연구합니다. 이런 지질학은 교실에 앉아서 사고하기보다는 야외에서 그 대상을 직접 관찰하고, 만져 보고, 느낄 수 있을 때 그 가치가 더욱 빛나는 학문입니다. '백문이 불여일견'이라는 말은 바로 지질학에 관심을 가지고 있는 사람들이 금과옥조로 삼을 수 있는 말입니다.

    이 책은 라이엘이 직접 지질 조사의 구체적인 방법들을 들려주고 있습니다. 라이엘은 19세기에 활약했던 영국의 지질학자로, 지질학을 근대 과학의 한 분야로 편입시키는 데 크게 기여한 사람입니다.

이전까지는 지질학을 단순히 건물을 짓는 데 필요한 암석을 구한다거나 석탄층을 찾아낼 수 있는 기술 정도로만 여겼습니다. 그러나 라이엘은 야외 지질 조사 활동을 통해 얻은 풍부한 자료와 경험들을 체계화하였고 이를 토대로 《지질학 원리》라는 책을 펴내기도 하였습니다.

지질 조사란 결코 전문가들만이 할 수 있는 어렵고 복잡한 일이 아닙니다. 우리 집 화분에 있는 흙은 텃밭에 있는 흙과 어떻게 다른지, 우리 학교 운동장에는 왜 돌부리가 많은지를 알아보는 것도 지질 조사의 한 방법입니다.

하지만 가장 중요한 것은 무엇보다도 자연을 사랑하는 마음입니다. 암석에 관심을 가지고 자주 말을 걸다 보면 어느 날 그 돌은 수억 년의 긴 잠에서 깨어나 여러분에게 지구의 신비를 들려줄 것입니다.

끝으로 이 책이 나오기까지 배려하고 도움을 준 (주)자음과모음의 강병철 사장님과 관계자 여러분, 알찬 내용이 될 수 있도록 자료와 아이디어를 제공해 준 '지구를 사랑하는 교사들의 모임' 회원님들께 깊은 감사를 드립니다.

이 한 조

차례

지질 조사란 무엇인가?

지질 조사를 할 때 필요한 것들은 무엇일까요?
또한 지질 조사 때 주의해야 할 사항에는 어떤 것들이 있는지 알아봅시다.

1

지질 조사란 무엇인가?

라이엘이 자신을 소개하며
첫 번째 수업을 시작했다.

　안녕하세요. 나는 영국의 지질학자 라이엘입니다. 나는 옥스퍼드 대학에서 법률을 전공했지만 사실 지질학에 더 관심이 있어 그것에 대해 많은 연구를 하였습니다. 야외에서 직접 채집한 다양한 화석들을 연구하여 지질 시대를 구분하는 새로운 방법을 제시하기도 하였지요.

　그동안 지질학은 과학이라기보다는 광물을 찾는 데 필요한 기술 정도로만 여겨져 왔습니다. 그러나 나의 체계적인 연구로 지질학이 근대 과학으로 발전할 수 있는 기틀이 마련되었습니다. 내가 쓴 《지질학 원리》는 다윈(Charles Darwin,

1809~1882)의 '진화론'에 기초가 되었답니다. 너무 자랑이 심했나요? 하하, 그럼 지금부터 나와 함께 지질 조사를 떠나 볼까요?

지질 조사란?

혹시 '지질 조사'라는 말을 들어 본 적이 있나요?

기억할지 모르겠지만 몇 년 전 한국 신문에 이런 기사가 보도되었던 적이 있습니다.

동강 댐 건설 예정지에 대한 지질 조사 결과, 댐을 만들 때 발생할 수 있는 많은 문제점이 지적되었다.

여기서 지질 조사란 무엇을 말하는 걸까요? 지질 조사란, 말 그대로 지질을 조사하여 필요한 것들을 알아내는 일입니다. 그러면 '지질'이란 뭘까요? 지질이란 지각을 이루고 있는 암석의 종류와 분포, 구조, 변화된 역사를 아우르는 말입니다. 그래서 지질 조사를 한다는 것은 조사 지역에 어떤 종류의 암석이 있고 그 암석들이 어디까지 분포하고 있는지, 암석에는

지질 조사 모습

어떤 광물이 많이 포함되어 있는지를 알아보는 것입니다.

또한 암석들은 어떤 구조와 모양을 하고 있으며, 주변의 지형과는 어떤 관계로 어떻게 변화되어 왔는지, 암석의 나이는 얼마나 되었는지, 화석은 어떤 종류가 발견되었는지 등을 알아내는 복잡하고도 힘든 작업입니다.

여기까지는 일반적인 지질 조사를 말하는 것이고, 특별히 구체적인 사항을 알아낼 때는 더 복잡한 일을 하기도 합니다. 예를 들어 직접 들어가 볼 수 없는 깊은 땅속에 있는 암석의 종류나 구조 등을 알기 위해서는 드릴로 구멍을 뚫어 암석을 꺼내 보는 시추 조사를 합니다. 심지어 인공 지진을 일으킨 후 땅속을 통과한 진동을 감지하여 내부 상태를 알아내는 탄성파 탐사 같은 일을 하기도 합니다. 때로는 배를 타고 바다에 나가서 여러 가지 장비를 사용하여 바다 밑바닥의 지질을 조사하기도 하지요.

그런데 무엇 때문에 이렇게 복잡한 지질 조사를 하는 걸까요?

우선 지질 조사를 하면 그 지역에 있는 암석들의 종류와 분포 상태를 알 수 있습니다. 이것은 다른 연구를 위해서도 기초가 되는 중요한 자료가 되지요. 만약 화석을 찾으려면 주로 퇴적암으로 이루어진 곳을 조사해야 하는데 이미 조사된 자료에서 퇴적암이 어느 곳에 분포하고 있는지를 알면 훨씬 쉽게 조사할 수 있겠죠?

또한 화산에서 분출된 암석이 많이 분포해 있으면 과거에 그 지역 부근에서 화산 활동이 활발했다는 사실을 알 수 있습니다. 그래서 지질의 역사를 알아내는 데 중요한 자료로 사용되지요. 또 석탄이 얼마만큼 분포하는지를 알면 탄광 개발에도 큰 도움이 됩니다.

댐을 막는다거나 도로를 새로 낼 때, 큰 건물을 세우려고 할 때는 반드시 지질 조사를 하여 지하에 어떤 종류의 암석이 있는지, 지층은 어떤 방향으로 뻗어 나갔는지를 미리 알아봐야만 합니다.

예를 들어 강물을 가로질러 큰 댐을 건설하려면 반드시 지층이 지하에서 어떤 모습으로 놓여 있는가를 미리 조사해야 합니다. 그렇지 않으면 댐이 무너지는 경우가 생길 수 있습니다.

만일 댐 아래쪽의 지층이 강물의 흐름과 같은 방향으로 경사져 있다면 강물이 지층 사이에 스며들어 지층이 미끄러질 수도 있기 때문입니다. 댐 아래쪽의 지층이 미끄러진다면 당연히 댐도 무너져 큰 사고로 이어질 수 있겠지요.

공업용수로 지하수를 많이 사용하는 공장을 지으려고 할 때도 미리 지질 조사를 해야 합니다. 그래야 지하수가 얼마나 분포하는지, 어디로 흐르는지를 알 수 있기 때문입니다. 사전에 이런 상황을 조사하지 않고 공장을 짓는다면 공업용수가 부족하여 공장 가동에 어려움을 겪을 수 있습니다. 또한 공업용수를 많이 사용하여 주위 사람들의 식수가 부족해진다면 주민들의 원성을 살 수도 있습니다.

뿐만 아니라 공업용수를 짧은 기간 동안 과도하게 사용하면 땅이 점점 내려앉는 지반 침하 현상이 일어나며, 폐수가 지하로 흘러들면 주변이 온통 오염될 수도 있습니다. 이렇게 지질 조사는 우리 생활의 안전을 위해서도 꼭 필요한 일입니다.

알고 보니 우리 생활과 지질 조사는 아주 밀접한 관계를 갖고 있죠? 우리가 바로 땅 위에서 살고 있기 때문이겠지요. 즉, 지질은 우리 생활과 동떨어진 것이 아니므로 누구나 관심을 가지고 있어야 한다는 얘기입니다.

사실 정확한 지질 조사를 위해서는 많은 훈련을 거친 전문가들이 필요하지만, 우리가 조금만 더 관심을 가진다면 자신이 살고 있는 주변의 지질은 어느 정도 알아낼 수 있습니다.

지질 조사를 할 때 필요한 것

지질 조사를 할 때 필요한 도구는 그 목적에 따라서 아주 다양합니다. 하지만 어떤 목적이건 간에 지도, 망치, 클리노미터 등은 꼭 필요한 것들입니다. 이제부터 이것들이 왜 필요하고 어떻게 쓰이는지 하나하나 알아봅시다.

지도

지질 조사를 할 때 무엇보다 먼저 준비해야 할 것은 지도입니다. 지도는 다음에 얘기하게 될 '지질도'와 구분하기 위해서 지형도라고 부릅니다. 야외에서 지질 조사를 할 때는 조사한 지점들의 위치를 그때그때 지도에 표시해야만 어떤 암석이 어떻게 분포하고 있는지 알 수 있습니다.

지도에 위치를 정확하게 표시하는 것은 지질을 파악하고 지질도를 만드는 데 가장 중요한 자료가 됩니다. 보통은 1 : 5만 축척의 지도를 가장 많이 사용하고 있지만 필요에 따라서는 이보다 훨씬 세밀한 지도를 사용하기도 합니다.

지도에 위치를 정확하게 표시하기 위해서는 우선 지도 상에서 자신의 위치를 찾을 수 있는 방법을 익혀야 합니다. 그러려면 지도에 표시되어 있는 산, 계곡, 하천, 다리 등을 정확하게 구분할 수 있는 연습이 필요합니다. 지도에는 지형의 높낮이가 등고선이라는 가는 선으로 표시되어 있습니다. 등고선들의 간격이 좁으면 경사가 급한 지역이고, 간격이 넓으

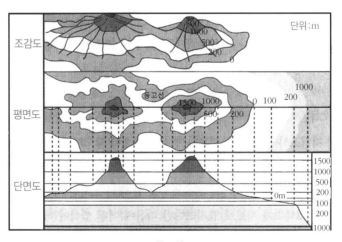

등고선

면 경사가 완만한 지역을 나타냅니다. 산의 능선은 등고선이 산꼭대기로부터 바깥쪽으로 밀려 나와 있고 골짜기는 정상을 향하여 안쪽으로 밀려 들어가 있습니다. 등고선의 모양과 주위에 있는 지형을 유심히 비교하면 지도 상에서 자신의 위치를 어느 정도 짐작할 수 있습니다.

이 밖에도 지도에는 학교, 다리, 철도, 도로 등을 표시하는 독특한 기호들이 그려져 있습니다. 이러한 기호들도 잘 익혀 두면 지도 위에서 자신의 위치를 알아내는 데 유용하게 사용할 수 있습니다.

만일 근처에 자신이 살고 있는 곳의 지도가 있다면 당장 밖으로 나가 지도와 실제 지형을 비교해 보세요. 되도록 높은 곳에 올라가서 본다면 더욱 좋겠지요. 지도를 자주 보고 자신의 위치를 찾아내는 연습을 많이 해야 훌륭한 지질학자가 될 수 있습니다.

요즘에는 GPS(위성 항법 장치, global positioning system)라는 기구도 자신의 위치를 위도, 경도 값으로 정확하게 알 수 있어서 아주 편리합니다.

클리노미터(clinometer)

클리노미터는 지층의 주향과 경사를 측정하거나 어느 지점의 고도를 측정할 수 있는 기구입니다. 지층의 주향이란 지층이 계속 연결되어 있는 방향을 말합니다. 지층이 연결되어 있다면 주향 방향을 따라가면서 계속 같은 지층을 관찰할 수 있습니다.

지층의 주향은 지층과 수평면이 만나는 선의 방향이 북쪽에 대하여 틀어져 있는 방향과 각도로 표시합니다. 예를 들어 지층의 주향이 N35°E라고 표시되어 있으면, 지층면과 수평면이 만나는 방향이 북쪽으로부터 35°만큼 동쪽으로 향하고 있다는 뜻이 됩니다. 결국 이 방향으로 쭉 가면 같은 지층을 계속 만날 수 있다는 것입니다.

클리노미터에는 나침반이 내장되어 있어서 주향의 방향을

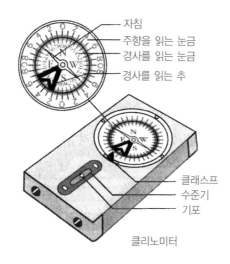

자침
주향을 읽는 눈금
경사를 읽는 눈금
경사를 읽는 추

클래스프
수준기
기포

클리노미터

쉽게 측정할 수 있도록 만들어져 있습니다. 그런데 클리노미터의 나침반은 일반 나침반과 달리 동쪽과 서쪽이 반대로 표시되어 있습니다. 이렇게 표시되어 있어야 클리노미터에서 지층의 주향을 손쉽게 읽을 수 있기 때문입니다. 그 이유는 지층면에 클리노미터를 갖다 대고 주향을 측정할 때, 나침반의 바늘이 가리키는 방향은 지층이 향하는 방향이 아니라 북쪽이기 때문입니다.

나침반의 N극은 항상 북쪽을 가리키죠. 그래서 클리노미터의 나침반에 일반 나침반처럼 동쪽과 서쪽을 표시하게 되면 자칫 주향 방향을 거꾸로 읽게 될 수도 있습니다. 따라서 클리노미터를 일반 나침반 대용으로 사용한다면 동서가 서로 바뀌어 있다는 점에 주의해야 합니다.

지층이 수평으로 되어 있지 않은 경우는 그 기울어진 방향과 각도를 측정해서 기록해야 합니다. 이때 측정하는 것을 지층의 경사라고 합니다. 즉, 지층의 경사란 지층이 수평면에 대하여 기울어진 방향과 각도를 말합니다. 지층은 물 아래에서 퇴적될 때에는 대개 수평으로 쌓이게 됩니다. 그런데 퇴적된 후 오랜 시간이 지나 지각 변동을 받으면 지층이 기울어지거나 휘어지게 되는데, 이와 같은 모습을 습곡이라고 합니다.

습곡된 지층

　지층이 어떤 한 축을 중심으로 양쪽으로 기울어져 있다면 그 양쪽 지층면에서는 물이 반대편으로 흘러내려가겠지요. 즉, 물이 흘러내리는 방향이 바로 경사의 방향입니다. 앞에서 지층의 주향은 수평면과 지층이 만나는 선의 방향이라고 했지요? 그런데 물은 항상 중력 방향으로 흘러내리므로 경사의 방향은 언제나 주향 방향과 직각을 이루게 됩니다. 중력 방향이 바로 수평면과 직각을 이루기 때문이지요. 만일 지층의 주향이 북동쪽을 향한다면 중력 방향은 남동쪽이 되거나 습곡축의 반대편에서는 북서쪽이 됩니다. 이 남동쪽 또는 북서쪽을 경사의 방향이라고 합니다.

　경사의 각도는 클리노미터 안에 붙어 있는 조그만 추를 이

용하여 측정합니다. 추 옆에는 각도를 읽을 수 있는 눈금들이 표시되어 있습니다. 이 눈금은 클리노미터가 수직으로 놓여지면 그 안에 있는 추가 90°, 수평으로 놓이면 0°를 가리키도록 되어 있습니다. 이 방법은 나침반을 사용하여 지층의 주향 방향을 알 수 있는 것과 원리가 같습니다. 나침반의 N극은 항상 북쪽을 가리키므로 나침반의 바늘이 가리키는 눈금의 값을 읽으면 주향을 알 수 있듯이, 추가 항상 중력 방향을 가리키므로 추 주변의 눈금 값을 읽으면 지층면이 수평면에서 몇 도 정도 경사져 있는지를 알 수 있습니다.

지층의 경사 방향은 항상 주향 방향에 대하여 직각인 방향이라고 했으니까, 경사각은 주향을 측정한 선에서 클리노미터를 90°만큼 돌려서 측정해야 합니다. 이때 클리노미터의

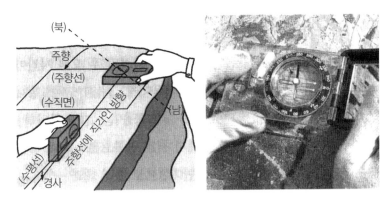

지층의 주향과 경사 측정 방법

추가 가리키는 눈금 값이 지층의 경사각이고, 클리노미터의 옆면이 아래로 향하는 방향이 경사의 방향이 됩니다.

클리노미터의 사용 방법이 조금 어렵지요? 그러나 클리노미터로 지층의 주향과 경사를 측정하여 기록하는 것은 지질 조사를 할 때 꼭 필요한 일이므로 자주 연습하여 익숙하게 사용해야 합니다. 지층의 주향과 경사는 클리노미터 대신에 브런턴 컴퍼스라는 것을 사용하여 측정하기도 합니다.

과학자의 비밀노트

브런던 컴퍼스

브런던 컴퍼스는 지층의 주향과 경사를 측정하는 데 이용되는 작은 휴대용 기구로 야외 지질 조사에서 주향과 경사, 방위각, 수평각, 수직각 등을 측정할 수 있다. 또한 여러 장소의 고저차를 측정할 수 있고, 나침반 기능도 가능하며 수평계, 고도 조준기로 구성되어 있다. 용도면에서는 클리노미터와 기능이 거의 같다.

지질 조사용 망치(해머, hammer)

혹시 지질 조사를 하는 장면을 본 적 있나요? 그렇다면 그 사람들이 항상 손에 들고 다니는 것도 봤을 것입니다. 그게 무엇이었는지 떠올려 볼까요? 그것은 바로 지질 조사용 망치입니다.

지질 조사용 망치는 집에서 못 박을 때 사용하는 망치하고
는 모양이 다릅니다. 한쪽은 뭉툭하고 반대편은 뾰족하게 생
겼어요. 단단한 암석을 깨뜨려야 하니까 만든 재료도 일반
망치하고는 좀 다르지요.

　지질 조사를 할 때는 왜 망치를 들고 다닐까요? 그건 암석
을 깨뜨리기 위해서이지요. 지질 조사를 할 때 중요한 일 중
하나가 암석의 종류를 정확히 구분하여 기록하는 것이기 때
문입니다.

　암석의 종류를 구분하는 방법 중 한 가지는 암석의 색깔을
살펴보는 것입니다. 그런데 암석이 오랫동안 바깥에 노출돼
있다 보면 원래의 색깔을 띠지 못하게 됩니다. 이렇게 되는
것을 암석이 풍화되었다고 합니다. 이러한 암석은 겉면을 지
질 조사용 망치로 깨뜨려서 풍화되지 않은 안쪽을 살펴봐야
합니다.

　때로는 암석을 더 자세히 연구하기 위해 조그만 조각을 떼
어 와야 할 때도 있습니다. 지층 사이에 들어 있는 화석을 찾
을 때도 암석을 깨뜨려야만 하겠지요. 이때 지질 조사용 망
치는 꼭 필요한 도구입니다.

　그러나 지질 조사용 망치를 사용할 때 자기 손가락을 때리
게 되거나 돌 조각이 튀어 눈에 들어갈 수도 있기 때문에 아

주 조심해야만 합니다. 사용하지 않을 때는 끝의 뾰족한 부분에 옆 사람이 찔리거나 부딪히지 않도록 끝부분을 손바닥으로 감싸서 들고 다녀야 하고요.

야장(field notebook)

야장(野帳)이란 야외 기록장을 줄인 말입니다. 지질 조사를 할 때 노두(암석이나 지층 따위가 지표에 드러난 부분)에서 관찰할 수 있는 것들을 빠짐없이 기록하기 위해서는 야장이 꼭 필요합니다. 야장의 형식이 따로 정해져 있는 것은 아니지만, 야외에서 손에 들고 기록하기 편리하도록 손바닥 크기 정도가 적당하겠지요. 또 필기하는 면이 울퉁불퉁하지 않도록 아래에 단단한 책받침 같은 것을 받치면 더욱 좋습니다.

이외에 그래프용지를 한쪽에 붙여 놓으면 지질 조사시 관찰한 것을 더욱 정확하게 그림으로 나타낼 수 있어서 유용합니다.

확대경(루페, lupe)

야외에서 암석을 관찰할 때는 그 암석을 구성하는 광물들이 무엇으로 되어 있는지를 알아야 합니다. 그런데 광물들은 대개 아주 조그맣기 때문에 맨눈으로는 일일이 구분하기가 어렵습니다. 이때 필요한 것이 확대경입니다.

즉, 확대경으로 유심히 살펴보지 않으면 광물이 어떤 종류인지 쉽게 알 수 없거나 놓쳐 버리게 되는 경우가 있습니다.

확대경은 일반적으로 널리 이용되는 돋보기를 사용해도 좋지만, 여러 장의 돋보기를 붙여 놓아 배율을 적절히 조절할 수 있도록 만들어진 야외용 확대경이 여러모로 편리합니다.

기타 준비물

야외에서 지질 조사를 할 때는 앞에서 설명한 것들 외에 귀찮다고 할 정도로 많은 준비물이 필요합니다. 물론 지질조사의 목적에 따라서 준비물은 더 다양해지겠지만 아래에 설명하는 것들은 기본적으로 갖춰야 할 것들입니다.

- 표품석 주머니: 실내에서 더 많은 연구를 하기 위해 암석 표본이나 화석을 담아 오는 데 필요합니다.
- 줄자: 지층이나 암석의 크기를 측정하는 데 사용합니다.
- 스케일 바(scale bar): 스케치를 하거나 사진을 찍을 때 원래의 크기를 알 수 있도록 하기 위하여 대상 옆에 놓아두는 조그만 눈금자입니다.
- 카메라: 야장에 기록한 것 외에도 더 상세하게 모양을 기록하기

위해서는 카메라로 사진을 찍어 두는 것이 좋습니다.

- 색연필: 지층이나 암석을 야장에 기록할 때 색깔로 구분해 두면 훨씬 명확해집니다.

지질 조사를 할 때 주의할 점

지질 조사는 야외에서 이루어지기 때문에 주의할 점이 많습니다. 그중에서도 특히 안전에 유의해야 합니다. 야외에서 암석을 살펴볼 수 있는 장소는 대개 노출되어 있는 바위 절벽(노두) 부근인 경우가 많습니다. 이런 곳은 많은 위험이 도사리고 있지요.

바위 절벽 아래에서 지질 조사를 할 때 가장 주의해야 할 점은 낙반 사고입니다. 낙반이란 절벽에서 바위가 굴러떨어지는 것을 말하는데, 도로 공사 등으로 만들어진 지 얼마 되지 않은 절벽일수록 조그만 진동에도 바위들이 쉽게 굴러떨어질 수 있습니다. 이런 곳에서는 그 장소로부터 좀 떨어진 곳에서 불안정하게 걸쳐 있는 바위들이 없는지 유심히 살펴보고 되도록 그런 곳을 피해서 다가가야 합니다.

특히 봄철에는 겨울철에 얼어붙었던 것들이 녹으면서 암석들이 더 쉽게 굴러떨어질 수 있습니다. 이런 때는 더 많은 주의가 필요합니다. 그래서 안전 헬멧을 꼭 착용해야 합니다. 사고란 언제나 예고 없이 찾아오기 때문에 미리 주의를 기울이는 것이 최선입니다.

화석을 찾거나 암석 샘플을 가져오기 위해서는 지질 조사용 망치로 암석을 깨뜨려야 하는데, 꼭 필요한 만큼만 깨뜨리도록 합니다. 쓸데없이 이곳저곳을 깨뜨려 놓으면 다음에 그 지역을 연구하려는 사람의 소중한 자료를 훼손시킬 수 있기 때문입니다. 수천만 년 또는 수억 년에 걸쳐서 만들어진 암석이나 지질 구조가 망치질 한 번으로 사라져 버리면 안 되겠죠. 의미 있는 지층이나 지질 구조는 소중한 자연 유산입니다. 따라서 지질 조사 자체가 자연을 파괴하는 행위가 되

노두(전북 부안 채석강의 바위 절벽)

어서는 안 됩니다.

　지질 조사를 할 때 가장 중요한 것은 현장에서의 정확한 기록입니다. 즉, 노두에서 관찰되는 것들을 최대한 정확하고 자세하게 기록으로 남겨야 의미 있는 자료로 활용될 수 있습니다. 암석의 종류는 물론이고 지층의 두께, 지층이 놓여 있는 모양, 암석들의 상호 관계, 지층의 주향과 경사 등을 스케치와 함께 자세하게 기록해야 합니다. 야외에서 일일이 기록한다는 것이 귀찮겠지만 그렇게 해야만 나중에 그 지역의 전체적인 지질을 파악할 수 있기 때문입니다.

이 정도 돌이면 되지 않을까?

그래, 이 정도면 될 거야. 선생님께 가져가자.

선생님, 여기 돌 주워 왔어요.

근데 이런 돌로 지질 조사가 되나요?

물론이죠. 근데 지질 조사의 정확한 의미는 알고 있나요?

글쎄요.

그냥 땅을 조사하는 것 아닌가요?

지질 조사란 조사 지역의 암석의 종류, 분포, 구성 성분을 알아보는 것입니다.

또 암석들은 어떤 구조와 모양을 하고 있으며, 어떻게 변화되어 왔는지, 암석의 나이는 얼마인지, 화석은 어떤 종류가 발견되는지 등을 알아내는 아주 복잡한 작업이죠.

단지 돌로 그런 많은 것들을 알 수 있단 말인가요?

그럼요. 그런데 앞서 이야기한 것은 일반적인 지질 조사를 의미하고, 더 구체적인 사항을 알아낼 때는 좀 더 복잡한 일을 하기도 합니다.

어떤 것들이 있죠?

드릴로 구멍을 뚫어 암석을 꺼내 보는 시추 조사, 인공 지진을 일으켜 진동을 감지하여 내부 상태를 알아내는 탄성파 탐사, 또 배를 타고 바다 밑바닥의 지질을 조사하는 것이 있습니다.

굉장히 다양한 형태의 지질 조사가 있네요.

2

암석들은 어떻게 구분할 수 있을까?

암석과 광물은 서로 어떻게 다를까요?
암석에는 어떤 종류가 있는지 살펴보고 암석들의 이름을 알아봅시다.

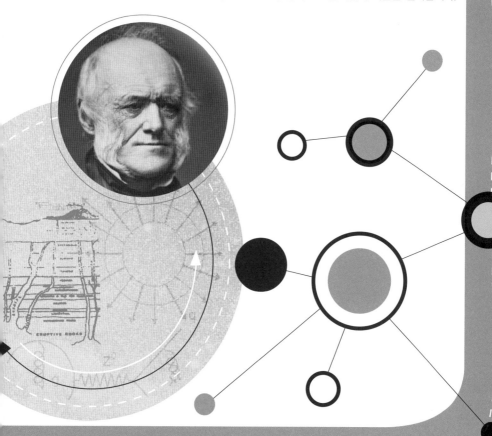

2

암석들은 어떻게
구분할 수 있을까?

라이엘은 생물처럼
암석에도 여러 가지 종류가 있다며
두 번째 수업을 시작했다.

우리가 사는 지구에는 다양한 종류의 생물이 살고 있습니
다. 생물에 따라 태어난 장소, 모습, 색깔 등 특성이 서로 다
릅니다. 생물의 종류가 이렇게 다양하듯이 우리 삶의 터전이
되고 있는 지표의 일부를 구성하는 암석 역시 매우 다양한 모
습을 하고 있습니다.

그렇다면 이런 다양한 암석들을 구분하는 독특한 기준이
있을까요? 결론부터 말하자면 '있다'입니다. 암석을 구분할
때는 만들어진 장소나 환경, 그리고 만들어진 재료 등에 따
라 다양하게 구분할 수 있습니다. 이번 시간에는 암석을 어

떻게 구분하는지에 대해 자세히 알아보겠습니다.

암석과 광물은 어떻게 다를까?

주위에 굴러다니는 암석을 자세히 살펴본 적 있나요? 돋보기로 확대해 보면 색깔이나 형태가 다른 작은 입자들이 모여서 암석을 이루고 있는 것을 알 수 있습니다. 암석이란 광물들의 집합체입니다. 그러면 광물이란 무엇일까요?

광물은 '천연산 무기물로서 균질의 고체이며, 일정한 범위 내의 화학 조성과 규칙적인 원자 배열을 가지는 물질'이라고 정의되어 있습니다. 너무 어려운 말들이 많이 나왔지요? 쉽게 말하면, 광물은 일정한 성질을 가진 자연 상태의 물질이라는 뜻입니다.

다이아몬드를 한번 살펴볼까요? 다이아몬드는 탄소로 구성되어 있는 광물입니다. 주위에서 볼 수 있는 귀금속이나 보석 모두 광물입니다. 그러나 이런 광물들은 흔치 않기 때문에 그만큼 값어치를 가지고 있겠지요.

대부분의 광물은 암석 속에서 쉽게 찾을 수 있습니다. 암석 자체가 광물들의 집합체이기 때문입니다. 석영, 장석, 운모

등은 암석의 분류에 흔히 들어가는 광물입니다. 암석은 주로 어떤 종류의 광물이 모여서 이루어졌느냐에 따라 그 성질이 결정됩니다. 따라서 검정 색깔을 띤 광물이 주로 모인 암석은 대체로 검은색으로 나타날 것이고, 단단한 광물이 주성분인 암석은 단단한 성질을 가지겠지요.

몇 가지를 제외하고 보통 암석 뒤에는 '암', 광물 뒤에는 '석'자를 붙입니다. 예를 들면 화강암은 석영, 장석, 운모라는 광물들이 모여서 이루어진 암석입니다. 그런데 '화강석'이라고 이름을 붙인다면 이는 옳지 않습니다. 또한 '대리석'은 대리암이라고 부르는 것이 바른 표현입니다.

그러면 지금부터 암석을 어떻게 분류하고 이름을 붙이는지 알아보겠습니다.

암석에 이름표를 붙여 볼까요?

암석은 어떤 환경을 통해서 만들어질까요?

물속에서 자갈이나 모래 혹은 진흙 등이 쌓여서 암석으로 만들어지면 우리는 이를 퇴적암이라 부릅니다. 그리고 뜨거운 마그마가 땅속이나 혹은 땅 위에서 식어 가면서 형성되면 화성암이라 부릅니다. 또한 이렇게 만들어진 퇴적암이나 화성암이 자연 속에서 높은 열이나 압력을 받아 변화가 생기면 이를 변성암이라고 부릅니다.

퇴적암의 구분

앞에서 얘기했듯이 퇴적암은 자갈, 모래, 진흙 등이 바람이나 물에 의해 운반되어 쌓이고, 특수한 작용이 일어나 암석으로 변합니다. 퇴적물이 쌓여 암석이 만들어지는 과정을 우리는 속성 작용이라고 표현합니다. 속성 작용에는 여러 가지가 있지만 그중 일부만 나열해 보면, 쌓인 퇴적물의 부피를 줄여 단단하게 하는 다져짐 작용과 다져진 물질들이 부스러지지 않도록 결합시키는 교결 작용이 있습니다.

이때 쌓이는 알갱이 하나하나를 입자라고 표현하는데, 이 입자의 크기에 따라 자갈, 모래, 진흙으로 나뉩니다.

보통 알갱이의 크기가 2mm 이상이 되면 자갈이라 부르고, $2 \sim \frac{1}{16}$mm를 모래라 부르며, $\frac{1}{16}$mm보다 작은 알갱이를 진흙이라고 부릅니다. 이들 자갈, 모래, 진흙을 좀 더 자세히 분류하면 오른쪽 표와 같이 나타낼 수 있습니다.

입자 이름		입자 크기(mm)
자갈	표력	256 이상
	왕자갈	64~256
	잔자갈	4~64
	그래뉼	2~4
모래	극조립 모래	1~2
	조립 모래	$\frac{1}{2}$~1
	중립 모래	$\frac{1}{4}$~$\frac{1}{2}$
	세립 모래	$\frac{1}{8}$~$\frac{1}{4}$
	극세립 모래	$\frac{1}{16}$~$\frac{1}{8}$
진흙	셰일	$\frac{1}{256}$~$\frac{1}{16}$
	이암	$\frac{1}{256}$ 이하

흔히 자갈이 쌓여서 만들어진 암석을 역암이라 하고, 모래가 쌓여서 만들어진 암석을 사암이라 부릅니다. 또한, 진흙이 쌓여서 만들어진 암석은 이암이라고 부릅니다.

역암은 여러 가지 색상을 띠며, 둥글둥글한 자갈이나 거칠고 각진 자갈로 이루어져 있습니다. 자갈 사이를 살펴보면 자갈보다 작은 입자가 그 틈을 메우고 있습니다.

이때 주의할 점은 자갈의 양이 아주 많으면 역암이라고 불러도 되지만, 자갈보다 모래가 훨씬 많으면 사암이라고 불러야 한다는 것입니다. 또, 역암 중에 자갈의 표면이 각지고 모나 있거나 거친 입자로 되어 있으면, 특별히 각력암이라고 표현합니다. 그리고 역암의 색깔은 자갈들 틈을 메우고 있는 물질에 따라 달라지는 경우가 많습니다.

사암은 모래로 구성되어 있으며 입자들의 크기는 보통 $\frac{1}{16}$ ~2mm입니다. 사암의 색은 흰색, 녹색, 노란색, 갈색, 붉은색 등 다양하게 나타납니다. 이렇게 다양한 색깔이 나타나는 이유는 그 안에 포함되어 있는 퇴적물의 종류 때문입니다.

모래보다 작은 입자로 되어 있는 것은 셰일 또는 이암이라고 합니다. 셰일은 입자의 크기가 $\frac{1}{256}$ ~ $\frac{1}{16}$ mm 정도 되는 암석이고, $\frac{1}{256}$ mm 이하의 입자들로 구성되어서 맨눈으로는 입자들 하나하나를 구분하기 힘든 암석은 이암이라 부릅니다.

야외에서 셰일과 이암을 구성하는 입자의 크기 차이를 구분하는 것은 쉽지 않기 때문에 암석을 자주 보고 많은 훈련을 쌓아야 합니다.

그런데 퇴적암이 자갈, 모래, 진흙만 쌓여서 만들어지는 것은 아닙니다. 퇴적암 중에는 물속에 녹아 있는 물질들이 침전되어, 그 앙금이 쌓여서 만들어진 암석도 있습니다. 이런 퇴적암을 특별히 화학적 퇴적암이라 부릅니다.

예를 들면 물속에 녹아 있던 소금이 침전되어 암석으로 변

하면 암염이라 부르고, 조개껍데기 등을 이루는 탄산칼슘이
침전되어 만들어진 암석은 석회암이라 부릅니다. 석고도 이
런 화학적 침전에 의해 만들어진 퇴적암입니다.

그리고 퇴적암 중에는 생물체의 일부가 쌓여 만들어진 암
석도 있습니다. 이런 암석을 유기적 퇴적암이라 부르는데,
대표적으로 석탄과 석회암이 있습니다. 보통 석탄은 식물의
유해가 쌓여 열과 압력을 받아 만들어지는데, 이런 작용을
석탄화라 합니다. 석탄화의 정도에 따라 석탄은 다시 토탄→
갈탄→역청탄→무연탄 등의 다양한 이름으로 구분합니다.
그중 무연탄은 석탄화 정도가 가장 심한 석탄입니다. 그리고
조개껍데기나 산호의 잔해 등이 한자리에 많이 쌓이면 석회
암이 만들어집니다.

화성암의 구분

이제는 화성암에 대해 알아보겠습니다. 화성암은 앞에서
얘기한 것처럼 마그마가 굳어서 된 것인데 이 마그마의 식는
속도, 즉 얼마나 빠르게 혹은 천천히 식었는지, 화학적 성분
이 주로 무엇인지에 따라 서로 다른 모습의 화성암이 만들어

집니다.

　지하에서 만들어진 마그마는 압력이 매우 높기 때문에 보통 만들어진 곳에서부터 지표면 쪽으로 솟아오르려고 합니다. 이때 마그마가 식는 장소가 땅속 깊은 곳이라면 아주 천천히 식을 것이고, 지표면 위라면 빠르게 식어서 화산암이 되겠지요.

　이처럼 땅속에서 천천히 식어 만들어진 화성암을 심성암이라 부르고, 지표 위에서 빠르게 식으면서 만들어진 화성암을 화산암이라고 합니다. 화강암과 현무암은 심성암과 화산암의 대표적인 예입니다. 제주도처럼 마그마가 지표면 밖으로 분출되었던 곳에서는 현무암이 아주 많습니다. 제주도의 돌하르방들이 대개 현무암으로 만들어져 있지요.

　그러면, 깊은 곳에서 만들어진 심성암과 지표에서 만들어진 화산암에는 어떤 차이가 있을까요? 가장 큰 차이점은 암석을 이루는 알갱이, 즉 입자의 크기입니다.

　땅속 깊은 곳에서 천천히 식어 만들어진 암석의 경우, 천천히 식기 때문에 마그마가 광물을 만들 수 있는 시간이 충분하여 크기가 큰 입자를 만듭니다. 이와 반대로 마그마가 지표에서 빠르게 식는다면, 광물 고유의 모양을 만들 시간적 여유가 없습니다. 또 빠르게 식기 때문에 크기도 아주 작게 만들어집니다. 그래서 화강암의 경우 큰 알갱이로 되어 있고, 제주도에서 흔히 볼 수 있는 현무암은 알갱이가 매우 작아서 눈으로 구분하기 힘듭니다.

화성암은 이렇게 알갱이의 크기로도 구분하지만, 그 알갱이의 성분이 무엇으로 구성되어 있는지도 아주 중요한 분류 기준이 됩니다.

흔히 규산(SiO_2)이라 부르는 화학 성분이 암석 속에 얼마나 많이 들어 있느냐에 따라 분류 기준이 정해집니다. 무색투명한 광물인 석영 역시 규산이 모여서 이루어진 광물입니다. 규산이 많이 포함되어 있는 암석은 대체로 밝은 색을 띠고, 조금 들어 있으면 어두운 색을 띱니다. 제주도에 많은 현무암은 규산이 조금 들어 있기 때문에 어두운 색을 띠는 데 반해 화강암은 규산 성분이 많아 밝은 색을 띱니다. 대개 규산의 양이 70% 이상이면 밝은 색, 50% 이하이면 어두운 색을 보입니다.

이제 마그마가 식는 위치와 화학 성분을 동시에 적용하여 분류해 볼까요?

예를 들어 규산이 70% 이상 들어 있는 마그마가 있는데, 이 마그마가 지표 가까이에서 식으면 어떤 모습의 암석이 만들어질까요? 색깔은 밝고 광물 알갱이는 작은 화산암이 만들어지겠지요? 이런 암석을 유문암이라고 부릅니다.

또 이 마그마가 지하 깊은 곳에서 식었다면 어떤 암석이 만들어질까요? 색깔은 밝고 광물 알갱이가 큰 심성암이 만들어지겠지요? 이런 암석을 화강암이라고 부릅니다.

유문암과 화강암을 다시 녹인다면 같은 화학 성분을 가진 마그마가 됩니다. 그러나 만들어지는 위치와 냉각 속도에 따라 하나는 유문암이 되고 하나는 화강암이 된 것입니다. 같은 부모의 몸에서 태어난 형제라도 환경에 따라 서로 다른 성격을 갖게 되듯이, 유문암과 화강암 역시 처음에는 같은 모습을 띠지만 환경적 요인으로 인해 서로 다른 암석이 된 것입니다.

현무암은 유문암과 화학 성분이 다릅니다. 현무암의 경우 규산의 양이 50% 이하로 들어 있습니다. 그래서 유문암과는 다른 색을 갖습니다. 그러나 만들어지는 장소가 지표라는 점에서 화산암이라는 공통점이 있으며, 둘 다 광물의 크기가 아주 작습니다. 마치 학교에 가면 사는 곳도, 성격도 다른 학생들이 고만고만한 키를 가진 것처럼 유문암과 현무암 역시 성분은 다르지만 같은 환경에서 만들어졌으며 입자의 크기가 같다는 공통점이 있습니다.

__그렇군요.

이제 마지막으로 변성암을 구분하는 방법을 알아보겠습니다.

변성암은 성질이나 모양이 변한 암석을 말합니다. 암석이 변했다는 것은 이미 만들어져 있던 암석이 변했다는 것이지요. 이때 화성암이나 퇴적암이 변해서 변성암이 될 수도 있지만, 이미 변했던 변성암이 다시 변할 수도 있습니다.

그렇다면 이 암석들은 무엇 때문에 변하는 것일까요? 암석을 변하게 만드는 원인은 바로 열과 압력입니다. 열과 압력은 암석을 이루는 광물 입자, 즉 알갱이 하나하나를 변하게 만듭니다. 암석을 변하게 만드는 온도는 약 $200\,^{\circ}\mathrm{C}$에서부터 암석이 녹기 직전인 약 $700\,^{\circ}\mathrm{C}$까지입니다. 보통 $700\,^{\circ}\mathrm{C}$가 넘어가면 암석이 녹아 버리지요.

일단 암석이 녹게 되면 더 이상 암석이라 부르지 않고 마그마라 부릅니다. 따라서 변성암이라고 부르는 상태는 암석이 녹지 않은 상태인 것이죠.

변성이 일어날 수 있는 압력의 범위는 5,000~15,000기압 정도입니다. 압력이 너무 높으면, 높은 압력 때문에 열이 발생하여 암석이 녹아 버립니다. 그리고 15,000기압 정도가 되려면 지표 가까이가 아닌 깊은 땅속이어야 합니다.

먼저 열에 의해 변성이 일어나는 경우를 살펴보겠습니다. 이런 경우를 열 변성 작용이라고 하는데, 열 변성은 마그마가 지층 사이로 뚫고 들어와서 기존의 암석에 열을 공급하여 변하게 만든 현상입니다. 이때 열과 함께 마그마에 포함되어 있던 화학 성분이 침투하여 주변 암석을 변하게 만듭니다. 이런 변성 작용을 우리는 접촉 변성 작용이라 하고, 이렇게 만들어진 암석을 접촉 변성암이라고 부릅니다. 접촉 변성 작용이 일어나면 암석 속의 알갱이들이 일부 녹아서 새롭게 자리를 잡게 되는데 이를 재결정 작용이라 합니다.

접촉 변성암은 접촉 부위로부터 2~3km까지 나타나기도

접촉 변성암 – 혼펠스(전북 부안군 격포 채석강 소재)

합니다. 물론 접촉 부위로부터 거리에 따라 변성을 받는 정도는 달라집니다. 접촉 부위가 가까울수록 변성을 심하게 받고, 멀어질수록 변성의 정도도 약해지겠지요.

접촉 변성에 의해 만들어진 대표적인 암석으로는 혼펠스(hornfels)가 있는데, 셰일이 열을 받아 변성된 아주 단단하고 치밀해진 암석입니다. 마치 진흙을 구워 도자기로 만들면 입자가 단단해지듯이 혼펠스는 셰일일 때보다 훨씬 단단하고 치밀해집니다. 옛날 사람들은 혼펠스를 깨뜨리고 다듬어서 돌칼이나 화살촉을 만들어 사용했지요.

왼쪽 페이지의 사진은 전라북도 부안군 격포 채석강에서 발견된 접촉 변성암입니다. 사진 왼쪽에 보이는 밝은 색의 암석은 암석 틈새로 밀고 올라온 마그마가 냉각되어 만들어진 화성암입니다. 반면 오른쪽의 어두운 색 암석(망치가 놓여 있는 부분)은 원래 있던 암석이 마그마에 의해 변한 암석이지요. 즉, 접촉 변성암으로 셰일이 변한 혼펠스입니다. 사진으로 모양을 확인하기는 어렵지만 직접 현장에 가 보면 매우 치밀하고 단단하게 만들어졌다는 것을 알 수 있습니다.

한편, 습곡 산맥이 만들어지는 것 같은 큰 지각 변동이 일어나는 지역에서는 열과 함께 압력이 작용하여 주변의 암석을 변화시킵니다. 이 경우 열과 압력이 넓은 범위의 암석에 작용한다 하여 광역 변성 작용이라 부릅니다.

　세일이 광역 변성 작용을 받으면 변성 정도에 따라 여러 종류의 변성암이 나타납니다. 이때 만들어지는 변성암을 점판암, 천매암, 편암, 편마암이라고 부릅니다. 변성을 약하게 받은 것은 점판암이, 변성의 정도가 가장 심한 것은 편마암이 됩니다.

　암석이 광역 변성 작용을 받으면 높은 압력에 의해 알갱이들이 눌러서 압력 방향에 수직으로 배열된 줄무늬를 만드는데, 이를 편리라고 합니다. 편리는 변성암에 나타나는 큰 특징 중 하나입니다. 이것은 다음 그림처럼 고무풍선에 동그란 점들을 그린 후 위에서 손으로 누르면 점들이 납작하게 눌려서 줄무늬로 나타나는 것과 같습니다.

　실제 암석에 이렇게 압력이 작용하면 오른쪽 페이지의 그림처럼 편리가 만들어집니다.

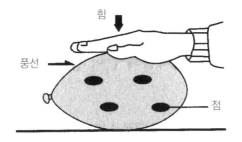

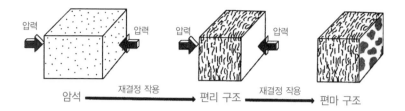

압력　압력　암석　재결정 작용　편리 구조　재결정 작용　편마 구조

위 그림은 암석이 높은 압력을 받아 압력과 수직 방향으로 광물들이 배열되어 편리를 만드는 과정을 보여 주는데, 이런 편리 구조가 나타나는 암석을 편암이라고 부릅니다. 그런데 높은 열을 받은 변성암에서는 일부 광물이 녹았다가 다시 결정을 형성하게 되는 재결정 작용이 일어납니다. 이때는 광물의 결정이 커지고, 같은 광물끼리 길쭉한 방향을 띠면서 모이기 때문에 줄무늬가 나타나기도 합니다. 이를 편마 구조라 하고, 이런 편마 구조가 나타나는 암석을 편마암이라고 부릅니다.

편리 구조

편마 구조

과학자의 비밀노트

편암

다른 광물의 색깔이 교대로 나타나며 평행한 줄무늬를 이루는데, 그 줄이 끊어졌다 이어졌다 한다.

편마암

편마암을 이루는 광물은 편암보다 결정이 크다. 편리 구조 역시 끊어졌다 이어졌다 하며 때로는 편리 구조들이 길게 연결되어 줄무늬를 나타내기도 한다.

이외에도 자주 볼 수 있는 광역 변성암으로는 규암이 있습니다. 규암은 모래가 쌓여서 만들어진 사암이 열과 압력을 받아서 만들어진 암석입니다. 또 아름다운 무늬가 있어서 건물 내부를 장식하거나 조각상의 재료로 많이 사용하는 대리암은 석회암이 열과 압력을 받아 변한 암석입니다.

그런데 이 돌을 광물이라고 해야 해, 암석이라고 해야 해?

글쎄, 난 잘 모르겠는데….

지질 조사를 하고 있군요.

예, 선생님. 그런데 이런 돌을 광물이라 해야 하는지, 암석이라 해야 하는지 모르겠어요.

이것은 암석이라고 하는 것이 맞습니다.

그럼 암석과 광물은 어떻게 다른가요?

암석을 돋보기로 자세히 관찰해 보면 색깔이나 형태가 다른 작은 입자들이 모여 있는 것을 알 수 있어요. 즉, 암석은 광물들의 집합체랍니다.

그럼 광물은 무엇인가요?

광물은 천연산 무기물로서 화학 조성과 규칙적인 원자 배열을 가지는 물질이에요. 쉽게 말하면, 광물은 일정한 성질을 가진 자연 상태의 물질이라는 뜻이죠.

대부분의 광물은 암석 속에서 쉽게 찾을 수 있습니다. 또한 몇 가지를 제외하고 보통 암석 뒤에는 '암', 광물 뒤에는 '석' 자를 붙인답니다.

화강암
석회암
현무암

자철석
방해석

신기한 바위들의 모습

사람들의 얼굴이 서로 다르듯이 바위들의 모습도 각각 다릅니다.
바위의 모습과 구조에 대해 알아봅시다.

3

세 번째 수업

신기한 바위들의 모습

라이엘은 사람처럼
바위들도 여러 가지 모습이 있다며
세 번째 수업을 시작했다.

엄청난 지구의 힘

　지질을 연구하는 과학자들에게 암석을 구분하는 일 못지않
게 중요한 일은 암석이 놓여 있는 모습을 살피는 것입니다.
야외에서 볼 수 있는 암석은 모양이 무척 다양합니다. 때로
는 지층이 뒤틀려 있기도 하고 암석이 잘려져 있기도 합니
다. 이처럼 지층이나 암석이 지구의 엄청난 힘을 받아 어떤
일정한 모습을 나타내고 있는 것을 지질 구조라고 합니다.
따라서 지질 구조를 알면 이 지역이 과거에 어떤 변화를 겪었

는지를 알 수 있습니다.

　이번 시간에는 이러한 지질 구조들이 어떻게 해서 생겨났는지, 지질 구조를 해석하면 무엇을 알 수 있는지를 살펴보도록 하겠습니다.

단층

　단층은 지각 운동으로 인하여 지층이나 암석이 끊어져 서로 다른 위치로 이동하는 현상을 말합니다. 그러나 지층이나 암석이 끊어졌어도 그 위치가 서로 이동하지 않은 것이 있는데, 이를 절리라고 부릅니다.

　왼쪽 그림에서 지층이 끊어진 경계면을 단층면이라 부릅니다. 이때 단층면이 경사져 있다면 이 단층면을 경계로 위쪽에 있는 지층 덩어리를 상반이라 부르고, 아래쪽에 있는 지층 덩어리를 하반이라고 부릅니다.

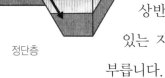

정단층

정단층 – 상반이 아래로 내려감(전북 부안군 격포 채석강 소재)

　이 중 왼쪽 페이지의 그림처럼 상반이 경사진 지층면을 따라 흘러 내려온 듯한 모습을 한 단층을 정단층이라고 합니다. 이런 정단층은 서로 반대 방향으로 잡아당기는 힘(장력)이 작용할 때 만들어집니다.

　이와 반대로 상반이 경사진 단층면을 따라 위로 올라간 모습을 한 단층이 있는데 이를 역단층이라고 합니다. 일반적으

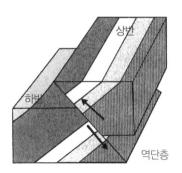

역단층 – 상반이 위로 올라감(전북 부안군 격포 채석강 소재)

로 경사진 면을 따라 내려와야 하지만 거꾸로 올라갔다고 해
서 역단층이라고 부르는 것입니다. 역단층은 양옆에서 미는
힘(횡압력)이 작용할 때 만들어집니다.

지층이 단층면을 경계로 위
또는 아래 방향으로 이동하지
않고 옆으로 미끄러지는 형태
도 있는데 이를 수평 이동 단층
(주향 이동 단층)이라고 합니다. 수
평 이동 단층은 옆으로 당기거나 미는 힘
보다는 큰 힘으로 비틀림을 받을 때 만들
어집니다.

수평 이동 단층

수평 이동 단층(전북 부안군 격포 채석강 소재)

습곡

지질 구조 중에는 지층이 구불구불하게 물결 모양을 하고 있는 것도 있는데, 이를 습곡이라고 합니다. 그 모양에서 짐작할 수 있듯이 습곡은 양옆에서 미는 힘, 즉 횡압력에 의해 만들어지는데 힘의 강약에 따라 만들어지는 모양이 다양합니다.

습곡의 구조를 간단하게 그려 보면 다음 페이지의 그림과 같습니다. 습곡에서 위로 볼록한 부분끼리, 또는 아래로 오목한 부분끼리 연결한 면을 축면이라고 합니다. 이 축면을

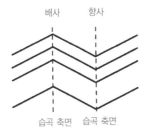

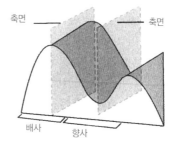

경계로 지층은 양옆으로 경사져 있는데, 이 기울어진 부분을 날개라고 부릅니다. 날개가 서로 반대 방향으로 아래쪽을 향한 채 위로 볼록한 모양을 하고 있는 습곡 모습은 배사라고 하고, 그 반대 모양을 하고 있으면 향사라고 합니다. 이때 축면은 수직이고 두 날개는 서로 반대 방향을 가리킨 채 같은 각도로 경사진 습곡을 정습곡이라고 합니다.

습곡 – 배사 구조(전북 임실군 신리 소재)

반면, 축면이 기울어지고 두 날개의 경사 각도가 다른 습곡
은 경사 습곡이라고 합니다. 습곡 중에는 너무 큰 힘을 받아
습곡축이 거의 수평으로 드러눕는 경우도 있는데 이런 습곡
을 횡와 습곡이라고 합니다.

정습곡   경사 습곡   횡와 습곡

암맥과 맥

지층이나 암석이 커다랗게 겉으로 드러나 있는 곳을 노두
라고 합니다. 지질 조사는 대개 이러한 노두에서 하게 됩니
다. 주로 공사장의 잘려진 절벽 같은 곳이 지질 조사를 하기
에 안성맞춤인 노두이지요. 하지만 안전에 주의를 기울여야
할 필요가 있겠죠?

그런데 어떤 노두에서는 암석 사이로 두드러진 색깔의 커
다란 줄무늬가 보이는 곳이 있습니다. 이는 암석의 갈라진
틈으로 지하의 마그마가 흘러들어와 만들어진 것입니다. 두

께는 수천 mm에서부터 수천 m까지 다양하며, 길이도 수천 m에서부터 수천 km까지 다양하게 나타납니다. 이런 지질 구조를 암맥(dike)이라고 부릅니다. 암맥을 따라 지하로 깊이 내려가면 마그마 웅덩이와 만날 수 있습니다. 즉, 암맥이란 지하의 마그마 웅덩이로부터 마그마가 지표로 올라온 길입니다. 이는 암맥이 깊은 곳에서부터 지표까지 계속 연결되어 있다는 것을 의미합니다.

노두에서는 암맥과 거의 비슷한 형태로 암석 속에 들어 있는 하얀 줄무늬를 찾아볼 수 있습니다. 이 줄무늬는 보통 석영이나 방해석으로 되어 있어서 하얗게 보이는데, 이것은 암

암맥(전남 여수시 화정면 낭도리 사도 소재)

맥과 달리 지하 깊은 곳까지 연결되어 있지 않습니다. 이런 줄무늬를 맥(vein)이라고 부릅니다.

맥은 모양만 보면 암맥과 비슷하여 혼동하기 쉬우나 구성 물질이 석영과 방해석으로 되어 있기 때문에 성분을 따져 보면 그 차이를 쉽게 파악할 수 있습니다. 더군다나 방해석은 마그마가 굳어서 만들어지는 것이 아니므로 암맥이라고 불러서는 안 됩니다.

맥은 암석 사이로 지하수가 흐르면서 석영이나 방해석을 침전시켜 형성된 것입니다. 그리고 암맥보다 더 작은 규모로 나타나는 것이 일반적입니다.

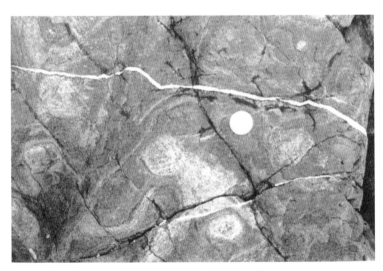

맥(전북 부안군 격포 채석강 소재)

바위에 남겨진 과거의 환경

지금까지 살펴본 지질 구조라는 것은 암석이 단단하게 굳은 다음에 주위의 어떤 힘에 의해서 만들어진 모습들입니다. 그러나 퇴적암에서는 지층이 쌓일 때 그 당시의 주변 환경에 의해 만들어지는 구조가 나타납니다. 퇴적암에 나타나는 이런 구조를 퇴적 구조라고 합니다.

퇴적암에 나타나는 퇴적 구조들은 환경에 따라 다른 모습을 띠기 때문에, 퇴적암이 만들어지던 당시의 주변 환경을 알아내는 데 아주 중요한 정보를 제공해 줍니다. 그래서 야외에서 지질 조사를 할 때는 이런 퇴적 구조들을 유심히 살펴봐야 합니다.

퇴적 구조는 그 기원에 따라 일차 퇴적 구조, 속성 구조, 생흔 구조, 미고화 퇴적물의 변형 구조 등으로 나눌 수 있습니다. 일차 퇴적 구조는 퇴적물이 쌓일 때 동시에 만들어진 구조를 말합니다. 썰물 때 바닷가에서 관찰되는 물결 자국이나 사막에서 모래가 경사지게 쌓여 가는 모습은 일차 퇴적 구조의 좋은 예입니다. 이런 일차 퇴적 구조는 퇴적 작용과 퇴적 환경을 알아낼 수 있는 근거가 됩니다. 즉, 퇴적 구조들은 바위에 남겨진 과거의 환경인 것입니다.

그러면 퇴적 구조에는 어떤 것들이 있을까요? 환경이 다양한 만큼 퇴적 구조 또한 매우 다양합니다. 그러나 우리 주위에서 흔히 관찰할 수 있는 것으로는 연흔, 건열, 사층리, 점이 층리가 있습니다.

연흔(ripple mark)

연흔이란, 모래로 된 바닥이나 사암의 지층면에서 관찰되는 규칙적인 간격을 갖는 물결 모양의 구조를 말합니다. 간격들 사이의 거리는 대체로 50cm 미만이며, 높이는 30cm를 넘지 않습니다.

연흔은 물의 흐름과 파동에 의해서 형성되는 퇴적 구조이므로 연흔 생성 당시 물의 깊이나 물결의 세기 등을 알아낼 수 있는 자료가 됩니다. 그래서 퇴적암에 남아 있는 연흔을 물결 화석이라고도 합니다.

바닷가 모래사장에 생기는 연흔 　　연흔의 단면(전남 해남 우항리 소재)

건열(mud cracks)

건열은 주로 이암층에서 찾아볼 수 있으며, 이암층 위에 색깔이 다른 암석이 다각형의 테두리를 이루고 있습니다. 이런 모습은 이암의 갈라진 틈을 그 위에 있던 다른 색깔의 암석이 채우고 있다가 위쪽의 암석이 침식되어 사라지면 이암 틈새에 끼어 있던 것만 남기 때문입니다.

얕은 물밑에 쌓여 있던 점토질 퇴적물은 가뭄으로 공기 중에 드러나면 바짝 마르게 됩니다. 이때 퇴적물에 포함되어 있던 수분이 증발하면서 수축이 일어나 틈이 생기게 되지요. 현재는 가뭄이 들었을 때 메말라 갈라진 논바닥이나 물이 말라 버린 호수 바닥 등에서 볼 수 있습니다.

건열(경남 고성 상족암 소재)

점이 층리(graded bedding)

　점이 층리는 하나의 층에서 아래에서 위쪽으로 갈수록, 퇴적물 입자의 크기가 굵은 것에서부터 가는 것으로 점진적(점이적)으로 변하는 구조를 말합니다. 즉, 아래쪽에는 큰 입자가 쌓여 있고 위쪽으로 갈수록 점점 작은 입자가 쌓여 있는 모습으로 나타납니다.

　점이 층리는 퇴적 작용이 일어나는 동안 물의 흐름에 변화가 생겨 만들어지게 됩니다. 큰 입자와 작은 입자들이 뒤섞여 흐르던 물의 흐름이 약해지면 입자들이 바닥에 내려와 쌓이는데, 이때 입자가 큰 것으로부터 작은 것으로 나뉘어 바닥에 쌓이게 됩니다.

점이 층리

이렇게 큰 입자와 작은 입자로 나뉘는 것을 분급이 되었다고 합니다. 분급이 잘되려면 큰 입자와 작은 입자가 바닥에 쌓이는 시간에 차이가 있어야 하므로 점이 층리는 수심이 깊은 호수나 바다에서 주로 만들어집니다. 점이 층리에서는 입자의 크기가 위로 갈수록 작아지므로 이를 이용하면 위아래를 판별하는 근거로 삼을 수 있습니다.

사층리(cross bedding)

사층리는 수심이 얕은 물밑이나 사막 같은 환경에서 퇴적물들이 흘러가면서 쌓여 생긴 퇴적 구조를 말합니다. 따라서 사층리가 발견되면 물이나 바람이 한 방향으로 흐르는 환경

사층리(진안군 마령면 평지리 소재)

이었다는 것을 잘 알려 줍니다. 사층리는 주로 사암이나 미사암으로 이루어진 지층에서 발견된답니다.

사층리의 단면은 퇴적 당시의 주된 흐름에 의해 일정한 방향을 보이고 있고, 한 번 형성된 사층리는 나중에 그 위로 흐르는 물에 의해 쉽게 변형되지 않고 보존이 되므로 옛 물길의 방향을 알아내는 데 좋은 증거 자료가 될 수 있습니다.

퇴적 당시의 환경을 알려 주는 여러 가지 구조들

퇴적암에는 퇴적이 되어서 만들어진 것은 아니지만, 퇴적 당시의 환경을 알려 주는 여러 가지 구조들이 있습니다. 강바닥을 따라 흘러가던 자갈이나 나무토막 등이 물의 흐름을 방해하여 만들어지는 방해물 침식 구조, 운반되던 자갈 등이

자갈에 의한 장애물 흔적

밑바닥 구조(전북 임실군 신리 소재)

바닥에 끌리고 바닥을 채우면서 만들어지는 홈 자국, 소나기가 내리면서 퇴적층 바닥에 곰보 자국처럼 구멍을 만들어 놓은 빗방울 자국 등도 퇴적 당시의 과거 환경을 우리에게 잘 알려 주고 있습니다.

단층을 보고 있군요.

선생님, 오셨어요!

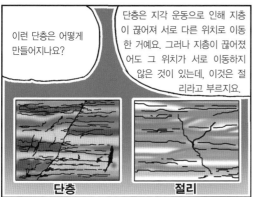

이런 단층은 어떻게 만들어지나요?

단층은 지각 운동으로 인해 지층이 끊어져 서로 다른 위치로 이동한 거예요. 그러나 지층이 끊어졌어도 그 위치가 서로 이동하지 않은 것이 있는데, 이것은 절리라고 부르지요.

단층

절리

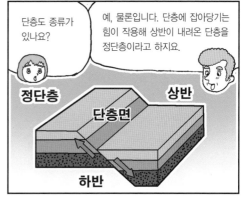

단층도 종류가 있나요?

예, 물론입니다. 단층에 잡아당기는 힘이 작용해 상반이 내려온 단층을 정단층이라고 하지요.

정단층

상반

단층면

하반

정단층과 반대로 미는 힘이 작용해 상반이 올라간 단층을 역단층이라고 한답니다.

상반

역단층

하반

그리고 지질 구조 중 지층이 이렇게 구불구불한 물결 모양으로 주름진 모습을 하고 있는 것을 습곡이라고 합니다.

근데, 선생님! 이런 단층도 지질 조사에 중요한가요?

물론이죠. 지층이 지구의 힘을 받아 일정한 모습을 나타내는 것을 지질 구조라고 하는데, 이것을 알면 과거에 어떤 변화가 있었는지를 알 수 있답니다.

화석이란 무엇인가?

화석은 오랜 세월 동안 어떤 과정을 거쳐 만들어졌을까요?
화석을 통해 우리는 무엇을 배울 수 있는지 알아보고,
한국의 공룡에 대해서도 살펴봅시다.

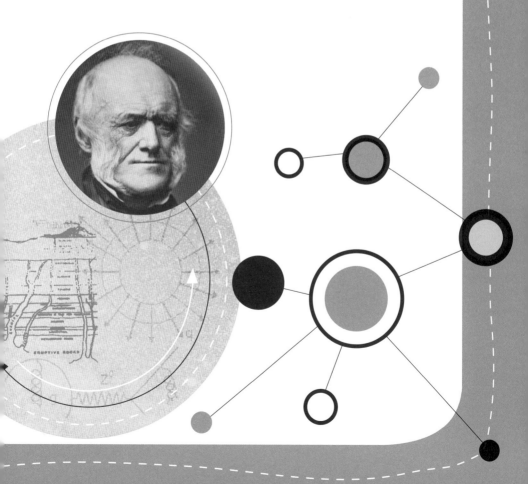

4

화석이란 무엇인가?

라이엘은 학생들에게
퀴즈 하나를 내겠다며
네 번째 수업을 시작했다.

여러분에게 재미있는 퀴즈를 하나 내겠습니다. 잘 듣고 맞혀 보세요. 다음 중 화석이 아닌 것은 무엇일까요?

공룡의 뼈, 공룡의 발자국, 공룡의 배설물, 원시인의 돌도끼

__원시인의 돌도끼입니다.

네, 맞습니다. 문제가 너무 쉽죠? 돌도끼는 화석이라고 하지 않고 유물이라고 합니다. 그런데 공룡의 발자국이나 공룡의 배설물도 다 화석이라고 할 수 있을까요? 물론 이것들도

화석

아주 중요한 화석입니다.

이번 시간에는 화석에 대해서 자세히 배워 보겠습니다.

화석은 영어로 'fossil'이라고 하는데 이 말은 라틴 어의 'fodere(땅을 판다)'에서 유래된 말로 '발굴된 것'이라는 의미를 지닙니다. 아리스토텔레스(Aristoteles, B.C.384~B.C.322)는 '모든 생물은 흙 속에서 태어나는데 처음에 잘못 만들어져 그대로 흙 속에 버려져 있는 것'을 화석이라고 하였고, 기독교가 지배하던 중세 유럽에서는 화석을 '노아의 홍수 때 죽어서 퇴적물과 함께 묻힌 것'이라고 하였습니다. 중국인들은 땅속에서 발견된 거대한 뼈들을 '승천하지 못하고 죽은 용의 뼈'라고 생각했습니다. 또한 오래전부터 땅속에서 발견된 공룡의 뼈를 용골이라고 하여 한약재로 사용하기도 했습니다.

이렇듯 땅속에서 찾아낸 생물의 흔적을 화석이라고 합니

다. 즉, 화석이란 지층 속에 보존된 과거 생물의 유해, 인상, 흔적으로 생물체의 구조를 알 수 있는 자료들이죠.

과학자의 비밀노트

생물체의 구조(생물의 유해, 인상, 흔적)로 만들어진 화석

• **생물체의 유해로 만들어진 화석**: 생물체의 몸이나 그 일부가 화석화되어 남아 있는 것을 말한다. 예를 들면 공룡의 뼈, 조개껍데기, 규화목 같은 것들이다.

• **생물체의 인상으로 만들어진 화석**: 생물의 몸체는 사라졌지만 그 자국이 암석에 남아 있는 것이다. 예를 들어 나뭇잎이 지층 속에서 탄화되어 나뭇잎 자체는 사라졌지만 그 자국이 검게 남아 있는 경우를 말한다.

• **생물체의 흔적으로 만들어진 화석**: 생물이 활동했던 모습을 보여 주는 것이다. 가장 대표적인 예가 공룡의 발자국으로 이것을 조사하면 어떤 종류의 공룡이 얼마만큼의 속도로 어느 방향으로 갔는지까지 알 수 있다.

따라서 화석은 우리가 흔히 생각하는 뼈의 종류만을 말하는 것이 아닙니다. 과거에 살았던 생물의 모습, 생활 환경 등을 추정하는 데 도움이 되는 것은 모두 화석으로 봐도 됩니다. 우리는 흔히 화석이 크다고 생각하지만 전시관에 있는 것처럼 큰 것만 있는 것은 아닙니다. 아주 작아서 현미경으로 봐야만 보이는 것들도 많이 있지요. 이러한 것을 미화석이라고 부릅니다. 지금도 그렇지만 옛날에도 박테리아처럼 눈에 보이지 않는 매우 작은 생물이 살았거든요.

화석은 옛날부터 심심찮게 발견되었습니다. 그렇지만 화석으로 발견되는 생물이 원래 어떤 모습이었는지, 또 그 종류가 무엇인지를 알게 된 것은 그리 오래되지 않았습니다. 200~300년 전만 하더라도 화석이란 땅속에서 파낸 이상한 돌이라고 생각했습니다.

화석을 한 번도 보지 않은 사람은 거의 없습니다. 큰 전시관에 가면 대개 입구에서 커다란 공룡의 뼈 화석이 무시무시한 모습으로 관람객을 맞이합니다. 그러나 사실 이 모습은 무섭다기보다 좀 우스꽝스러울 거예요. 앙상한 뼈다귀만 보이니까 말이죠. 하지만 우리는 이러한 화석을 통해서 과거에 공룡과 같은 생물들이 살았다는 것을 알게 된답니다. 그러면 화석은 어떻게 해서 만들어졌을까요?

화석은 어떻게 만들어질까?

사실 '화석이 만들어진다'고 말하는 것은 적절한 표현이 아닙니다. 그보다는 '화석으로 된다'라고 하는 것이 더 알맞은 말이지요. 그 이유는 화석은 원래 있던 생물의 유해가 남아서 화석으로 '되는 것'이지 어떤 것을 재료로 하여 화석이라는 것이 '만들어지는 것'은 아니기 때문입니다. 그렇지만 편의상 만들어진다는 말도 함께 사용하도록 하겠습니다.

화석이 되기 위해서는 우선 생물이 퇴적물과 함께 묻혀야 합니다. 바로 묻히지 않으면 부패되어 분해되거나 이리저리 흩어져서 원래의 형태를 알 수 없게 됩니다. 일단 퇴적물 속에 묻힌 것은 지각 변동을 받지 않는 이상 그 형태를 그대로 유지할 수 있겠지요. 그래서 화석은 퇴적물이 물과 함께 흘러와 빠르게 쌓이는 환경에서 잘 만들어질 수 있습니다. 그

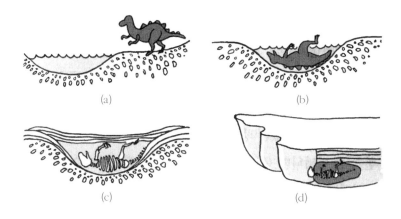

화석의 형성 과정
(a) 공룡이 호숫가에서 살았다.
(b) 공룡이 죽어 땅속에 묻혔다.
(c) 뼈는 그대로 남아 그 위에 쌓인 퇴적물과 함께 굳는다.
(d) 공룡의 뼈가 화석이 되어 지층 속에서 보존된다.

런 환경으로는 얕은 바다나 큰 호수 또는 홍수 때 강물이 자주 넘치는 강가가 적당합니다. 그래서 과거에 이런 환경이었다고 추정되는 곳을 집중적으로 조사하면 화석을 더 많이 찾을 수 있습니다.

생물이 일단 퇴적물과 함께 묻혔어도 모두가 화석이 되는 것은 아닙니다. 오랜 세월이 지나면서 생물의 몸체가 분해되어 주변의 지층 속에 흡수되어 버리기 때문입니다. 그러나 몸체에 단단한 부분이 있다면 화석으로 남을 가능성이 훨씬 많아집니다. 예를 들면 뼈나 조개껍데기 같은 것들이지요. 다시 말하면 해파리 100마리와 조개 10마리가 퇴적물과 함께 파묻혔다 해도 나중에 화석으로 발견될 가능성은 조개가 훨씬 많다는 얘기입니다. 때로는 해파리처럼 단단한 부분이 없는 생물이 화석으로 발견되기도 하지만 그리 흔한 일은 아닙니다.

그렇다면 지층 속에서 발견된 공룡의 뼈 화석을 강아지에게 던져 주면 맛있게 갉아먹을까요? 물론 실제로 그 귀한 화석을 강아지에게 던져 주는 일이 있어서는 안 되겠지요. 그러나 그런 어처구니없는 일을 하였다 해도 너무 걱정할 필요는 없습니다. 아마도 강아지는 냄새만 몇 번 맡아 보고 입도 대지 않을 것이 분명하기 때문입니다. 왜냐하면 공룡의 뼈 화석은 더 이상 뼈가 아닌 단단한 암석으로 변했기 때문입니다.

퇴적물 속에 파묻힌 생물은 오랜 세월이 지나면서 원래의 유기질 성분은 사라지고 암석이나 광물질로 서서히 변해 갑니다. 이러한 작용을 화석화 작용이라 합니다.

예를 들어, 나무가 퇴적물 속에 묻힌 뒤 오랜 시간 동안 주변에 지하수가 흐르게 되면 나무의 유기질 성분은 서서히 분해되고 그 자리에 지하수에 포함되어 있는 규산 성분이 들어가게 됩니다. 오랫동안 이런 일이 계속되면 결국 나무 자체는 사라지고 원래 나무와 똑같은 모양의 규산질 나무 화석이 남게 됩니다. 이런 화석을 규화목이라고 합니다.

또, 이런 현상을 나무의 유기질 성분과 규산 성분이 서로 뒤바뀌었다고 해서 치환되었다고도 합니다. 규화목은 아주 정밀하게 치환이 일어나서 현미경으로 보면 원래 나무의 세포 구조까지도 그대로 보존되어 있습니다. 그래서 옛날의 나무를 연구하는 데 아주 유용하게 쓰이는 화석인 셈이죠.

그렇지만 앞에서 말한 것처럼 과거에 살았던 모든 생물이 화석이 되는 것은 아닙니다. 화석으로 될 수 있는 적절한 조건은 빨리 묻히고, 단단한 부분이 있고, 화석화 작용을 받아야 한다는 것입니다.

화석은 어디에 이용될까요?

우리는 무엇 때문에 화석을 찾아내고 연구할까요? 단순한 호기심에서 화석을 찾는 사람도 있을 것이고, 화석을 보관해 놓고 장식품으로 바라보는 사람도 있을 거예요. 때로는 화석을 돈벌이 수단으로 생각해 열심히 찾아서 파는 사람도 있겠지요. 하지만 화석을 찾아내어 연구하는 가장 중요한 목적은 지질 시대를 구분하고 그 당시의 환경을 알아내려는 데 있습니다. 그렇다면 어떻게 화석으로 지질 시대와 옛날의 환경을 알 수 있을까요?

표준 화석

지질 시대에는 수많은 종류의 생물들이 많이 살았습니다. 그중에는 어느 특정한 지질 시대 동안에만 살다가 그 이후로는 멸종되어 더 이상 지구에 존재하지 않는 것도 있습니다. 공룡이 그 대표적인 예라고 할 수 있습니다.

공룡은 지금으로부터 약 2억 4,500만~6,500만 년 전의 중생대 때 급속히 번성했다가 지금은 사라진 생물입니다. 그래서 공룡의 화석도 그 당시에 퇴적되었던 암석 속에만 들어 있습니다.

공룡의 화석은 그 이전이나 이후에 형성된 암석 속에는 들어갈 수가 없겠지요. 그렇다면 만일 어떤 지층 속에서 공룡의 화석이 발견되었을 때, 그 지층이 만들어진 시기를 알 수 있을까요?

당연히 공룡이 살았던 중생대 때 만들어졌다고 해석할 수밖에 없습니다. 이처럼 어느 특정 시대에 살았다가 멸종한 생물의 화석을 이용하면 그 화석이 포함되어 있는 지층의 지질 시대를 알아낼 수 있는데, 이러한 화석을 표준 화석이라고 합니다. 표준 화석으로는 공룡 말고도 삼엽충과 매머드 등 여러 종류가 있습니다. 이 중 삼엽충은 고생대를, 매머드는 신생대를 알려 주는 표준 화석입니다.

삼엽충   공룡   매머드

만일 서로 멀리 떨어진 지역에 있는 퇴적암층에서 삼엽충이 함께 발견된다면 그 지역의 퇴적암은 둘 다 고생대 때 만들어졌다고 할 수 있습니다. 또는 강원도에 있는 퇴적암에서 삼엽충 화석이 나오고 경상도에 있는 퇴적암에서 공룡 화석이 발견되었다면, 삼엽충 화석이 발견된 쪽의 퇴적암은 고생대, 공룡 화석이 발견된 쪽의 퇴적암은 중생대에 만들어졌음을 알 수 있습니다.

따라서 강원도의 지층이 경상도의 지층보다 더 오래되었다고 해석할 수 있지요. 이처럼 지질 시대의 선후 관계를 비교

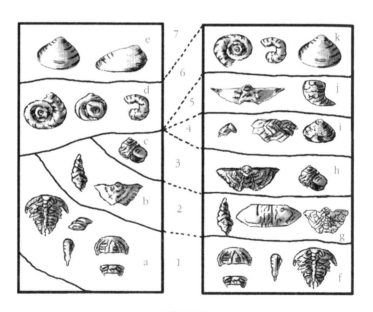

지층의 대비

하는 것을 지층의 대비라고 하는데, 이때 표준 화석이 아주 유용하게 쓰입니다.

그러면 어떤 생물의 화석이 표준 화석으로 쓰일 수 있을까요?

표준 화석이 되기 위해서 가장 중요한 조건은 '어느 일정 기간 동안만 살아야 한다'는 것입니다. 만일 어떤 생물이 고생대부터 지금까지 계속 살고 있다면, 지층 속에서 그 생물의 화석이 발견되었다 해도 그 지층이 고생대, 중생대, 신생대 중 어느 시대에 형성되었는지를 알 수 없겠지요.

그러나 이런 조건을 갖춘 화석이라 하여도 만일 어떤 특정 지역, 딱 한 군데에서만 발견된다면 표준 화석으로는 쓸모가 없습니다. 왜냐고요? 앞에서 얘기했던 지층의 대비에 이용할 수가 없기 때문이지요. 같은 종류의 화석이 여러 지역에서 발견되어야 그 화석을 이용하여 서로 떨어진 지층의 지질 시대를 비교할 수가 있습니다. 그래서 표준 화석으로 쓰이기 위해서는 넓은 지역에 분포하며 살았던 생물이어야 합니다.

게다가 원래 살았던 생물의 숫자가 많았다면 표준 화석으로 더욱 좋겠지요. 지층에서 화석을 찾아낸다는 것은 때로는 모래밭에서 바늘을 찾기보다 어려울 때가 있습니다. 따라서 원래 살았던 생물의 숫자가 많을수록 지층에서 찾아낼 가능성이 그만큼 많아지는 것입니다. 즉, 앞에서 예로 들었던 삼엽충이나 공룡은 오로지 고생대 또는 중생대 때에만 살다가 멸종되었고 서식 지역이 전 세계 곳곳에서 상당히 많이 발견되기 때문에 아주 좋은 조건을 갖춘 표준 화석이 될 수 있는 것입니다.

시상화석

그러면 옛날의 환경은 어떻게 알아낼 수 있을까요? 이번에는 오히려 생존 기간이 길었던 생물의 화석이 이용됩니다.

만약 어떤 생물이 고생대 때부터 지금까지 살아왔다면 우리는 지금 그 생물이 살아가고 있는 환경을 보고 '아, 고생대 때에도 이런 곳에서 살았겠구나'라고 생각할 수 있습니다. 이렇게 해석할 수 있는 이유는 동일 과정의 원리에 의해서입니다.

동일 과정의 원리는 지구의 지질 역사를 해석하는 방법 중 하나로 스코틀랜드의 지질학자, 허턴(James Hutton, 1726~1797)이 주장한 것입니다. 동일 과정의 원리를 한마디로 표현하면 '현재는 과거의 열쇠'라고 말할 수 있습니다. 즉, 지질학적 현상은 과거라고 해서 현재와 크게 다르지 않으므로 과거에 있었던 어떤 일은 현재 일어나고 있는 일을 해석하여 알 수 있다는 내용입니다.

고사리는 고생대 말부터 지구 상에 번성하여 지금까지도 있습니다. 그런데 고사리가 살고 있는 환경을 살펴보면 주로 응달지고 습한 곳입니다. 따라서 고생대의 지층에서 고사리 화석이 발견되면 그 지층이 퇴적될 당시의 환경도 지금처럼 응달지고 습한 곳이었다고 추정할 수 있습니다. 그러자면 고사리처럼 옛날부터 지금까지 오랫동안 꾸준히 살아온 것이라야 옛날의 환경을 알아낼 수 있습니다. 이처럼 옛날의 환경을 알아낼 수 있는 화석을 시상화석이라고 합니다.

그러나 시상화석으로 사용되기 위해서는 그 생물의 생존 기간이 길다고만 해서 되는 것은 아닙니다. 고생대 때부터 지금까지 계속 살아온 생물이라 하여도 어떤 환경에서나 적응하며 살고 있다면 우리는 그 환경을 알아낼 수 없습니다. 즉, 현재 생물이 어떤 일정한 환경에서만 살고 있을 때는 그 생물이 과거에도 그러한 환경에서 살았다고 말하겠지만, 그렇지 않다면 과거에 어떤 환경에서 살았다고 말하는 것은 엉터리가 될 수도 있습니다.

예를 들어 산호는 고생대 때부터 지금까지 살아오고 있는 생물입니다. 현재 산호는 어디에서나 살고 있지 않고 오직

수온과 염분이 높은 얕은 바다에서만 삽니다. 그렇다면 고생대 때 산호가 살았던 환경도 수온과 염분이 높은 얕은 바다였다고 해석할 수 있겠지요. 만약 산호가 전 세계 바다 어디에나 살고 있다고 가정한다면 고생대 때 산호가 살았던 환경을 무엇이라고 말할 수 있겠어요?

이런 점들을 살펴볼 때 고사리나 산호 같은 화석은 생존 기간이 길고 일정한 환경에서만 살고 있기 때문에 아주 유용한 시상화석이라고 할 수 있습니다.

화석은 어떻게 찾을 수 있을까?

화석은 특별한 경우가 아니고는 대개 퇴적암 속에 포함되어 있습니다. 그래서 퇴적암으로 이루어진 곳에서는 어디에서나 화석을 찾을 가능성이 있습니다. 그렇지만 '구슬도 꿰어야 보배'라고 아무리 많은 화석이 지층에 들어 있어도 그걸 찾아내지 않으면 아무 소용이 없겠지요.

가장 중요한 것은 퇴적암 지층을 만날 때마다 화석을 찾아내기 위하여 유심히 살펴보고 층리면에 따라 깨뜨려 보는 자세가 필요합니다. 그러다 보면 아주 가치 있는 화석을 발견하여 지질학에 큰 기여를 할 수도 있습니다.

사실 화석은 전문가보다는 화석에 흥미를 가지고 열심히 찾아다니는 일반인들에 의해 더 의미 있는 것이 발견되기도 합니다.

그러나 지층의 어느 부분이 화석을 포함하고 있다는 것을 안다 해도 화석을 찾겠다고 무작정 암석을 깨뜨려서는 안 됩니다. 우선 화석을 포함하고 있는 주변 지층을 유심히 관찰하고 전체적인 특징을 기록해야 합니다. 카메라가 있으면 전체 노두를 사진으로 찍어 놓으면 더욱 좋습니다.

그리고 화석을 포함하고 있는 암석의 종류, 특징, 주향과 경사, 위아래 지층과의 선후 관계 등을 조사하여 기록합니다. 이렇게 자세하게 기록을 한 후에 화석을 찾아야 자료로서 가치를 가지게 됩니다. 자칫 화석을 찾는 것에만 급급하여 무작정 주변의 암석을 깨뜨려 버리면 다른 사람의 깊이 있는 연구를 방해하기도 하고, 무엇보다 쓸데없이 자연을 훼손할 위험이 있습니다.

화석은 암석 속에서 수천만 년 혹은 수억 년을 기다렸다가 우리에게 모습을 드러낸 것입니다. 이렇게 오랜 기다림 끝에 만나는 것이니만큼 우리도 최대한 화석의 가치를 존중해 줘야겠죠? 화석은 그저 암석 속에 들어 있는 생물의 흔적 그 자체보다도 지구의 역사를 밝혀 줄 수 있는 소중한 자연 유산으로서 더 큰 가치를 지닙니다.

암석 속에 제법 큰 화석이 들어 있다는 생각이 들었을 때, 화석을 떼어내려고 무리하게 주변 암석을 깨뜨려서는 안 됩니다. 자칫하면 화석 자체가 부서져 버릴 수도 있기 때문입니다. 일단은 화석이 들어 있다고 생각되는 범위의 암석을 크게 떼어낸 다음 실내에서 적합한 기구를 사용하여 정교하게 발굴해 내면 됩니다. 부스러지기 쉬운 화석은 떼어내기 전에 순간접착제 등을 이용하여 형태를 보존한 다음 떼어내는 것이 좋습니다.

자주 볼 수 없는 이상한 모습을 한 화석을 발견했지만 쉽게 떼어낼 수 없을 때는 그 화석이 있는 장소를 정확하게 기록하고 기억했다가 추후에 전문가의 도움을 받아서 떼어내야 합니다. 억지로 떼어내려고 무리했다가는 자칫 지구의 역사를 뒤바꿀 수 있는 위대한 발견이 사라져 버릴 수도 있습니다.

이렇게 채집한 화석은 따로따로 비닐봉지나 신문지로 싸고 겉면에 채집한 장소와 날짜, 화석의 종류 등을 기록해서 운반해야 합니다.

__네, 명심하도록 할게요.

__저도요, 선생님.

한국은 공룡 천국

　한국은 공룡과 아주 인연이 깊은 나라입니다. 좀 뜻밖이죠? 영화에서 보면 공룡이 나오는 곳은 대부분 외국이었으니 말이에요. 나는 지금부터 여러분과 함께 한국의 곳곳에 퍼져 있는 공룡 화석에 대해서 알아보려고 합니다.

　한국 곳곳에서는 공룡과 관련된 화석들이 많이 발견되었고, 몇 년 전에는 세계 최대 크기의 익룡 발자국이 발견되기도 했습니다. 그렇지만 완벽한 골격은 아쉽게도 전남 보성에서 발견된 아기 공룡의 뼈 화석을 제외하고는 아직까지 발견되지 않았지요.

　그러나 공룡들이 남겨 놓은 발자국은 곳곳에서 많이 발견되었답니다. 특히 경상남도 고성군 덕명리 바닷가는 한국 최초로 공룡 발자국이 발견된 곳으로 유명합니다. 이제는 세계

익룡 발자국(전남 해남군 우항리)

물갈퀴 달린 새 발자국(경남 남해군 창선도)

공룡 발자국 3대 산지 중의 하나로 인정받는 세계적인 명소가 되었지요.

전남 해남, 화순 등지에도 공룡 발자국 산지가 있습니다. 해남에서는 공룡 발자국과 함께 세계 최대의 익룡 발자국과 가장 오래된 물갈퀴 달린 새 발자국이 발견되어 학계의 주목을 받았습니다. 화순에서는 국내에서 가장 긴 공룡의 보행렬(길게 이어져 걸어 간 자국)이 발견되어서 공룡 연구에 귀중한 자료로 이용되고 있습니다.

이 밖의 지역에서도 백악기 퇴적암으로 이루어진 곳 대부분에서 공룡 발자국들이 발견되고 있습니다. 이렇게 공룡 발자국이 많이 발견되는 것으로 봐서 중생대 백악기는 한국에서 공룡들이 집단으로 모여 살았다는 것을 알 수 있습니다.

지금은 모두 사라지고 없지만 약 1억 년 전인 중생대 백악기 때에는 여기저기에서 공룡들이 떼지어 다니던 모습을 쉽게 볼 수 있었을 것입니다.

공룡 발자국은 형태에 따라서 용각류, 조각류, 수각류로 구분됩니다. 한국에서는 이 3가지 종류가 모두 발견되고 있습니다.

용각류란 네 발로 걷는 공룡을 말하는데 트리케라톱스나 브라키오사우루스 같은 것들이 여기에 속합니다. 용각류의

용각류   용각류 발자국

발자국 모양은 코끼리 발자국처럼 발가락의 모양이 구분되지 않고 뭉뚝한 타원형으로 나타납니다. 전남 해남에는 공룡의 발자국이 아주 독특하면서도 선명하게 남아 있어서 세계적인 관심거리가 되고 있지요.

조각류란 두 발로 걷는 공룡으로 마치 새처럼 3개의 발가락을 가지고 있습니다. 이구아노돈이나 하드로사우루스가 여기에 속합니다. 한국에서 발견되는 공룡 발자국 중 가장 많으며 전체 발자국의 약80%가 조각류의 발자국입니다.

수각류란 조각류처럼 두 발로 걷고 3개의 발가락을 가진 공룡인데 조각류보다 발가락이 더 가늘고 긴 것이 특징입니

조각류

조각류 발자국

다. 티라노사우루스 같은 대부분의 육식 공룡들이 여기에 속합니다. 경남 고성과 전남 사도에서 발견된 수각류 발자국에는 날카로운 발톱의 모양까지 선명하게 남아 있는 것도 있습니다.

공룡 발자국은 공룡의 생활 습성은 물론 그 당시의 환경과 공룡 진화에 대해 많은 것을 알려 줍니다. 발자국의 크기와 형태를 측정하면 그 발자국을 남긴 공룡의 종류를 알아낼 수 있습니다. 또 그 공룡이 뛰었는지, 걸었는지 또는 수영을 하였는지도 알 수 있습니다. 더 나아가 발자국을 남길 당시에 그 공룡이 어느 방향으로 이동하였는지, 집단을 이뤘는지,

수각류   수각류 발자국

새끼가 있었는지도 알 수 있습니다.

또한 발자국들이 일정한 범위 안에서 얼마만큼 많이 나타나는지, 용각류, 조각류, 수각류별로 몇 개씩이나 나타나는지, 어느 방향으로 이동했는지를 조사하면 그 당시 공룡들이 어떤 환경에서 살았는가를 알 수 있습니다.

발자국의 보폭과 발자국 사이의 각을 측정하면 공룡의 크기와 이동 속도, 자세까지도 파악이 가능합니다. 예를 들어, 보폭이 넓고 발자국 사이의 각이 작다면 이 공룡은 상당히 빠른 속도로 이동한 거예요. 어떤 조각류의 발자국을 조사한 결과 보폭이 매우 좁으면 비둘기처럼 뒤뚱뒤뚱 걸었다는 것을 알 수 있지요.

일반적으로 공룡의 크기는 발자국 길이에 4배를 곱한 값과 같다는 연구 결과도 있습니다.

과학자의 비밀노트

한국의 공룡 박물관

고성 공룡 박물관: 2001년에 준공하여 2004년에 공식 개관한 박물관으로 경상남도 고성군 하이면 덕명리에 위치하고 있다. 이곳에는 공룡 진품, 공룡 복제, 일반 화석, 모형 공룡 등 한국의 공룡과 화석뿐만 아니라 세계의 다양한 공룡을 전시하고 있다.

우항리 공룡 박물관: 전라남도 해남 우항리의 공룡 화석지를 널리 알리고, 자연사 교육장 겸 관광지로 활용하기 위해 조성한 공룡 박물관으로 2007년에 공식 개관하였다. 세계에서 유일하게 공룡과 익룡, 새 발자국 화석이 한 열쇠층에서 발견된 해남 우항리 공룡 화석지는 천연기념물 제394호(해남 우항리 공룡 · 익룡 · 새 발자국 화석 산지)로 지정되어 있다.

방원 공룡 박물관: 2003년에 전라남도 순천시 벌량면에 개관한 공룡 박물관으로 세계 각국에서 수집한 공룡 화석과 다양한 동식물의 화석을 전시하고 있다.

제주 공룡 랜드: 제주시 애월읍 광령리에 위치하고 있으며 공룡을 테마로 한 공원에 그치지 않고 230여 종의 실물 크기의 공룡을 재현하였다. 또한 3D 입체 영상관, 자연사 · 해양사 박물관뿐만 아니라 다양한 볼거리와 놀이 시설 등이 갖춰져 있다.

공룡 발자국도 화석이라고 하나?

이번에 발견된 공룡 발자국 화석은….

그러게. 화석은 공룡의 뼈를 말하는 거 아닌가?

화석이란 지층 속에 보존된 과거 생물의 유해, 흔적 등으로 생물체의 구조를 알 수 있는 모든 자료를 말합니다.

선생님, 유해라면 공룡 뼈를 말하는 거 맞죠?

네, 맞아요. 공룡 뼈 외에도 물고기 화석, 잠자리 화석, 조개 껍데기 같은 것들도 있습니다.

그리고 몸체는 사라졌지만 그 자국이 암석에 남아 있는 것도 화석이 됩니다. 나뭇잎이 지층 속에서 탄화되어 잎 자체는 사라졌지만 그 자국이 검게 남아 있는 경우가 해당되죠.

공룡 발자국과 같은 흔적도 생물이 활동했던 모습을 보여 주는 중요한 화석입니다.

아, 그렇군요.

그리고 몸이 연한 동물보다 몸에 단단한 부분이 있는 동물이 화석이 되기 쉽죠.

화석이 되기 좋은 동물

조개 > 해파리

그래서 해파리 같은 연체동물 화석이 적은 거군요.

지질 시대와 지질의 변화

지질 시대란 무엇일까요?
한국의 지질은 오랜 세월 동안 어떻게 변해 왔는지 알아봅시다.

5

다섯 번째 수업

지질 시대와
지질의 변화

라이엘은
한국의 지질 변화를 알아보자며
다섯 번째 수업을 시작했다.

여러분의 나라, 한국은 단군으로부터 이어져 내려오는 반만 년의 오랜 역사를 자랑하고 있습니다. 이처럼 역사가 오래되었다는 것은 전해져 내려오는 기록을 통해 알 수 있습니다. 그렇다면 단군보다 훨씬 이전에는 어떤 모습이었을까요? 이러한 오랜 옛날의 역사는 어디서 찾아볼 수 있을까요?

사람이 기록한 글자나 그림으로 과거의 사건이 전해져 내려오는 때를 역사 시대라고 합니다. 그러면 그보다 훨씬 오래전에 있었던 일은 어디에, 어떻게 기록되어 있을까요?

그 기록은 바로 지층과 암석에 고스란히 남아 있습니다. 이렇게 과거의 기록이 지층과 암석에만 남아 있는 시기를 지질 시대라고 합니다. 따라서 한국의 자연을 이해하는 데는 지질을 이해하는 것이 무엇보다도 중요합니다.

왜냐하면 우리가 살고 있는 이 땅덩어리가 어떻게 만들어졌고, 어떤 암석으로 구성되었으며, 가장 오래된 암석과 가장 최근의 암석은 어디에 있는지, 과거에는 어떤 생물들이 이 땅에서 살았는지를 아는 것은 자연을 이해하는 기초가 되기 때문입니다.

그럼 이 시간에는 지층과 암석에 남아 있는 기록을 찾아서 지질 시대로의 여행을 떠나 볼까요?

한국의 지질은 어떻게 변해 왔을까?

지질 시대는 크게 선캄브리아대, 고생대, 중생대, 신생대로 나누어집니다. 선캄브리아대는 고생대 이전의 기간으로 대략 38억~5억 7,000만 년 전의 기간을 말합니다. 고생대는 선캄브리아대 이후부터 약 2억 2,500만 년 전까지, 중생대는 6,500만 년 전까지, 신생대는 약 1만 년 전인 역사 시대 이전까지로 구분합니다.

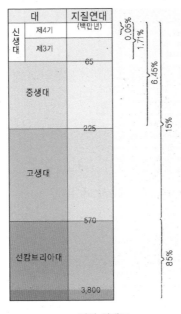

대		지질연대 (백만년)
신생대	제4기	
	제3기	
		65
중생대		
		225
고생대		
		570
선캄브리아대		
		3,800

0.05%
1.71%
6.45%
15%
85%

지질 연대표

　한국에는 선캄브리아대에서부터 신생대에 이르기까지 모든 지질 시대에 걸쳐서 다양한 암석이 분포하고 있습니다. 선캄브리아대의 암석은 거의 모두가 변성암으로 이루어져 있는데 이것이 한국의 기반암을 이루고 있습니다.

　그때의 모습은 지금과 매우 달랐습니다. 지금의 평안북도 일대, 경기도 일대, 지리산 일대에 있던 큰 호수나 바다에 두꺼운 퇴적층이 쌓였고, 이때 만들어진 퇴적암들이 오랜 세월이 지나면서 변성암이 되어 한국의 기반암이 된 것이지요.

다시 말해 이 변성암들이 현재 땅덩어리의 기초를 이루고 있는 셈이지요.

고생대 때에는 지금의 강원도 부근과 평안도 부근이 바다로 되어 있어서 그곳에 두꺼운 퇴적층이 쌓이게 되었습니다. 그 당시 바다에는 삼엽충이 아주 많아서 이 지역의 고생대 퇴적암에서는 삼엽충이 흔히 발견됩니다. 고생대 말엽에는 한국이 부분적으로 융기를 하여 곳곳에 호수가 만들어졌습니다. 이때 울창한 밀림들이 호수에 퇴적물과 함께 쌓여 두꺼운 석탄층을 형성하게 되었습니다. 그런데 한국에는 고생대 중기 때의 기록이 빠져나가고 없습니다. 역사책에서 그 부분만 뜯겨져 나간 셈이지요. 누가 그런 고약한 짓을 했을까요?

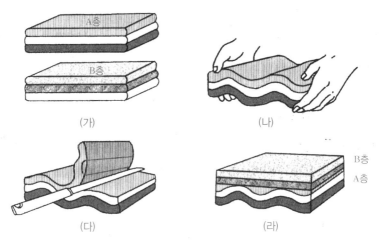

부정합 형성 과정

그 범인은 바로 '부정합'이라는 것입니다.

부정합은 지층이 서로 위아래로 붙어 있지만 사실은 연속적으로 퇴적되지 않고 층 사이에 오랜 시간의 간격이 있는 것을 말합니다.

한국에서 고생대 초기에 만들어진 지층은 조선 누층군이라 하고, 고생대 말기에 만들어진 지층을 평안 누층군이라고 합니다. 고생대 초기에는 강원도와 평안도 부근이 얕은 바다였으므로 그곳에 두꺼운 석회암이 쌓였습니다. 그런데 고생대 중기에 이 지역이 융기하여 물위로 올라오게 되었습니다. 물위로 올라온 지역에는 퇴적이 일어나지 않겠지요? 오히려 그

과학자의 비밀노트

부정합

부정합이 만들어지는 이유는 융기와 침강 때문이다. 융기는 자연적인 원인에 의해 어떤 지역의 땅덩어리가 주변에 대하여 상대적으로 상승하는 것이고, 침강은 땅덩어리가 주변보다 낮아지는 현상을 말한다.

융기와 침강이 나타나는 이유는 크게 조륙 운동과 조산 운동이 있다. 이러한 운동으로 암석권이 변형되는데, 이때 받는 압력의 영향으로 일부 지역이 융기, 침강하게 되는 것이다. 또한 해수면의 변화에 의해서도 나타난다. 주변의 해수면이 내려가면 상대적으로 지층은 상승하는 효과가 생긴다. 융기의 증거는 우리 주변의 바닷가에서 볼 수 있다. 대표적인 예가 해안 단구(해안을 따라 분포하는 계단상의 지형)로 부산의 태종대와 정동진이 유명하다.

전에 쌓였던 퇴적암층이 침식되어 윗부분이 깎여져 나갔습니다. 그런데 고생대 중기가 끝나면서 침강이 일어나 이 지역이 물밑으로 내려가게 되었습니다. 그러자 다시 그 위에 평안 누층군이 쌓였습니다.

이런 일이 일어나자 겉으로 보기에는 조선 누층군 바로 위에 평안 누층군이 쌓여 있으므로 조선 누층군과 평안 누층군이 계속 이어서 쌓인 것처럼 보이지만, 사실 그 사이에는 1억년이라는 긴 시간이 있었던 것이지요.

이 기간 동안 한국의 지질 역사는 사라졌습니다. 그래서 이 기간을 대결층이라고 부릅니다. 따라서 한국에는 아주 얇게 고생대 중기의 지층이 일부분 있긴 하지만 이 시기의 지층은 거의 없는 것이나 마찬가지입니다.

중생대 때에는 바다가 사라지고 곳곳에 호수만 남게 되었습니다. 오늘날 우리가 만나는 중생대 퇴적암은 모두 이 호수들에서 만들어진 것입니다.

중생대 중기에는 쥐라기라는 지질 시대가 있습니다. 쥐라기는 너무 유명해서 잘 알고 있을 거라 생각해요. 한국에도 약 1억 5,000만 년 전쯤 쥐라기로 인해 엄청난 지각 변동이 있었습니다. 대보 조산 운동이 그 예인데, 한국에 큰 압력이 작용하면서 그동안 쌓여 왔던 지층들을 모두 뒤틀어 놨습니다. 그래서 쥐라기 이전에 형성된 퇴적암들을 살펴보면 심하게 습곡을 이루고 있지요.

한편 대보 조산 운동의 영향으로 곳곳에서 화강암이 만들어졌습니다. 이때 만들어진 화강암은 지금도 많이 남아 있어 아주 흔한 암석이 되었지요. 이 화강암을 대보 화강암이라고 부릅니다.

대보 조산 운동이 끝나고 중생대 말기인 백악기 때에는 곳곳에 호수들이 있었습니다. 그중에서도 경상도 지역에 있던 호수가 가장 컸지요. 그리고 이 호수들에 퇴적암이 쌓여갈 때, 주변에는 공룡들이 많았습니다. 이 공룡들이 현재 우리가 발견할 수 있는 수많은 발자국을 남겨 놓은 것이지요.

신생대 때는 지금의 포항 부근이 바다였습니다. 이곳에 퇴적암이 쌓이면서 그 안에 화석들도 많이 포함되었습니다. 이때 이후로는 큰 지각 변동이 없었기 때문에 화석들도 그대로 보존될 수 있었습니다. 그래서 지금도 이 부근에서는 화석을 아주 많이 찾을 수 있지요.

사실 신생대 이전까지 한국의 동쪽에는 바다가 없었습니다. 대신 현재 일본의 일부분이 동쪽에 붙어 있었지요. 그런데 약 1,200만 년 전에 일본이 한국에서 떨어져 나갔습니다. 이때 일본이 떨어지면서 동해가 만들어진 것이지요.

그리고 약 150만 년 전에 백두산과 한라산이 만들어지기 시작했습니다. 백두산과 한라산이 아주 오래전부터 만들어졌을 것 같지만, 지질 역사를 통해 따져 보면 최근에 만들어졌다는 것을 알 수 있습니다. 이렇게 백두산과 한라산이 만들어지면서 지금의 모습과 거의 비슷한 형태를 갖추게 된 것입니다.

한국이 남반구에서 이사 왔다고요?

20세기 초에 독일의 과학자 베게너(Alfred Wegener, 1880~1930)는 고생대 말에 하나로 붙어 있었던 대륙이 분리되어 이동하면서 현재와 같은 모습을 갖게 되었다는 대륙 이동설을 주장하였답니다. 그 당시에는 대륙이 이동했다는 것을 믿지 못했지만 지금은 사실로 받아들이게 되었지요. 한국도 예외가 아니어서 남반구에서부터 지금의 위치까지 기나긴 여행을 하였습니다. 그러면 대륙이 이동하였다는 것은 어떻게 알 수 있을까요?

대륙의 이동은 고지구 자기를 측정하면 알 수 있습니다. 고지구 자기란 암석에 보존되어 있는 과거의 지구 자기장을 말합니다. 지금의 지구에도 자기장이 있듯이 옛날에도 물론 지구에는 자기장이 있었습니다. 그때의 자기장이 마치 화석처럼 암석 속에 남아 있는 것입니다. 그래서 고지구 자기를 자기 화석이라고 부르기도 합니다. 이 고지구 자기를 정밀한 자력계로 측정하면 그 당시의 지구 자기장이 만들어 낸 자기력선의 방향을 알 수 있습니다. 이렇게 알아낸 자기력선 방향을 지금의 것과 비교하면 대륙이 어떻게 이동했는가를 한눈에 살펴볼 수 있지요. 지구의 자극은 지질 시대 동안 항상 지금의 북극 위치에 있었으므로 자기력선의 방향도 시대와 관계없이 항상 자극을 가리키고 있어야 합니다.

그런데 옛날의 자기력선 방향이 지금과 다르다면 자기 화석을 간직하고 있는 암석이 원래의 위치로부터 이동했다고 생각할 수 있습니다. 암석이 이동했다면 그 암석을 얹고 있는 대륙이 이동했다는 말입니다. 이런 방법으로 고지구 자기를 이용하면 대륙이 어떤 방향으로 얼마만큼 이동했는가를 알 수 있습니다.

한국의 경남 하동 부근에는 약 17억 년 전에 만들어진 회장암이라는 암석이 분포하고 있습니다. 회장암은 지구상에서 그리 흔치 않은 암석입니다. 그런데 이 회장암의 고지구 자기를 측정해 본 결과 이상한 사실을 알게 되었습니다. 측정된 값에 의하면 회장암이 약 17억 년 전에는 남위 35° 부근에 있었다는 것을 말해 줬기 때문입니다. 이것은 회장암이 분포되어 있는 하동 지역을 포함하여 한국이 과거에 남위 35° 부근인 오스트레일리아 근처에 있었다는 것을 뜻합니다.

그런데 오스트레일리아 대륙에서 구한 고지구 자기 자료도 같은 값을 나타내고 있었습니다. 즉, 오스트레일리아뿐만 아니라 다른 대륙들에서 구한 고지구 자기 자료에 의하면 그 당시에 대륙들이 지금의 남극 쪽에 모여 있었다는 사실을 말해

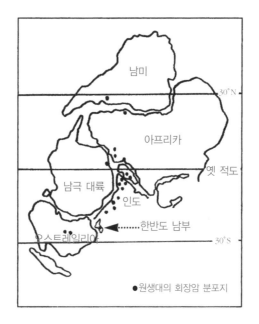

회장암의 분포

주고 있는 것이지요. 약 17억 년 전에 남극 쪽에 옹기종기 모여 있던 대륙의 한 귀퉁이에 한국도 붙어 있었던 것입니다.

더군다나 대륙들을 남극 쪽에 붙여 놓고 각 대륙에 있는 회장암의 분포를 조사한 결과, 한국을 포함해 긴 띠 모양으로 연결됐음을 알게 되었습니다. 이러한 사실들을 종합해보면 한국이 한때 남반구에 있었다는 것은 분명한 사실이 되었습니다.

한국에서는 하동 지역의 회장암뿐만 아니라 그 이후에 형성된 고생대, 중생대의 암석에 대해서도 고지구 자기를 측정하였습니다. 그 결과 남반구에서부터 계속 북쪽으로 이동해 왔음을 확인할 수 있었습니다.

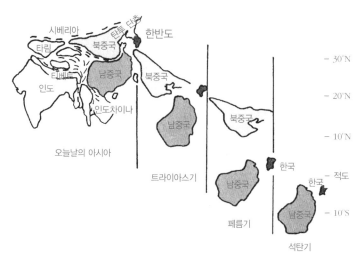

한반도 이동

고생대 때는 적도 부근을 통과하면서 따뜻한 바다에 두꺼운 석회암층이 쌓였고, 그 바다 밑바닥에는 삼엽충들이 기어 다니고 있었습니다. 이후, 계속 북상하여 중생대 중엽인 약 1억 5,000만 년 전에는 북쪽에 있던 아시아 대륙과 충돌하면서 습곡 산맥이 만들어지기도 했습니다. 이후로는 대륙이 가로막고 있었기 때문에 더 이상 이동하지 않고 지금의 위치에 자리 잡게 된 것이지요.

　이러한 대륙 이동은 한국의 지질 구조를 형성하는 데 큰 영향을 미쳤습니다. 어느 시인은 '산천은 변함이 없는데 사람만 변했구나'라고 했다지만 긴 지질 시간 단위로 보면 한국의 땅은 많은 변화를 겪어 현재의 모습이 되었다는 것을 알 수 있습니다.

선생님, 우리나라의 지질은 어떻게 만들어졌나요?

저도 궁금해요.

한국에는 선캄브리아대부터 신생대에 이르기까지 모든 시대에 걸친 다양한 암석이 분포하고 있습니다.

지질 시대에 현재의 평안북도, 경기도, 지리산 부근의 큰 호수나 바다에 두꺼운 퇴적층이 쌓였고, 여기서 만들어진 퇴적암은 오랜 세월이 지나면서 변성암이 되어 지금의 기반암이 되었습니다.

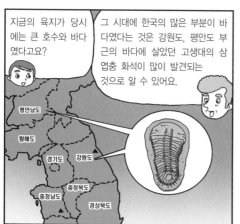

지금의 육지가 당시에는 큰 호수와 바다였다고요?

그 시대에 한국의 많은 부분이 바다였다는 것은 강원도, 평안도 부근의 바다에 살았던 고생대의 삼엽충 화석이 많이 발견되는 것으로 알 수 있어요.

평안남도
황해도
경기도
강원도
충청북도
충청남도
경상북도

그럼 중생대 때의 한국은 어땠나요?

중생대 때에는 바다는 사라지고 곳곳에 호수만 남게 되었지요. 오늘날 우리가 만나는 중생대 퇴적암은 모두 이 호수들에서 만들어진 것입니다.

그때도 호수나 바다였나요?

신생대 때는 지금의 포항 부근이 바다였어요. 이곳에 퇴적암이 쌓이면서 그 안에 화석들이 많이 포함되었지요. 그리고 약 150만 년 전에는 백두산과 한라산이 만들어지기 시작했답니다.

백두산   한라산

150 만년 전에 생성

그렇게 오래전부터요?

한국의 지질 역사를 따져본다면 백두산과 한라산은 비교적 최근에 만들어진 것이라고 볼 수 있죠.

지질과 관련된
물질 변화

삼엽충이란 무엇일까요?
공룡 발자국이나 나뭇잎 화석을 통해 우리가 알 수 있는 사실은 무엇일까요?
지질과 관련된 물질 변화에 대해 알아봅시다.

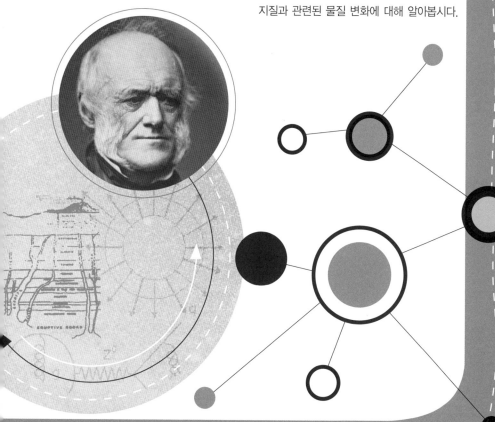

6

마지막 수업
지질과 관련된
물질 변화

라이엘은 직접 야외에 나가
지층을 살펴보자며
마지막 수업을 시작했다.

지금까지 여러분은 지질 조사라는 것이 무엇이고 왜 필요
한지에 대하여 알아봤습니다.

이번 시간에는 직접 야외에 나가서 고생대, 중생대, 신생대
의 지층을 살펴보는 것은 어떨까요?

__ 좋아요! 얼른 가요, 선생님.

__ 저도 신나요.

이러한 시대들을 대표하는 화석들이 많이 있는 지역은 어
디일까요? 나와 함께 한국에서 화석을 찾을 수 있는 곳을 알
아보고, 그 지역을 중심으로 가 볼 만한 곳을 알아봅시다.

삼엽충을 찾아서

삼엽충은 머리·몸체·꼬리를 갖추고 있습니다. 그중 몸체가 세로로 세 부분으로 이루어져 있어 삼엽충이라고 부릅니다. 그래서 세쪽이라고도 합니다. 삼엽충은 지구상에 존재했던 동물의 종 가운데 화석으로 가장 많이 발견되기 때문에 공룡과 함께 널리 알려진 화석이기도 합니다. 크기는 돋보기로 겨우 볼 수 있을 정도로 작은 0.5mm에서부터 크게는 70cm에 이를 만큼 그 종류가 다양합니다. 한국에서 지금까지 발견된 삼엽충만 해도 200종이 넘습니다.

삼엽충은 고생대의 바다에서 번성했던 생물입니다. 삼엽충 화석을 관찰하려면 고생대 때 만들어진 퇴적암 지역을 살펴보면 되겠지요. 그중에서도 고생대 초기에 퇴적된 지층에서

삼엽충

삼엽충이 가장 많이 발견되었습니다. 왜냐하면 삼엽충은 고생대 중에서도 초기에 가장 번성했었으니까요.

한국에서 고생대 지층이 넓게 분포되어 있는 곳은 강원도와 평안도입니다. 평안도는 북한에 있기 때문에 아쉽게도 지금은 가 볼 수가 없답니다. 만약 통일이 된다면 그때는 꼭 가보도록 해요.

강원도에서도 태백, 삼척, 상동, 영월 일대의 주로 석회암이 분포되어 있는 지역에서 많이 발견되고 있습니다. 이들 지역에서 석회암과 석회암 사이에 들어 있는 셰일층을 살펴보면 삼엽충을 찾을 수 있습니다. 태백시 직운산 일대의 화석 군락지에서는 삼엽충을 아주 쉽게 찾을 수 있어요.

하지만 지금은 무분별한 훼손을 막기 위하여 기념물로 지정하고, 일반인들의 출입을 제한하고 있습니다. 그렇지만 이 지역 말고도 나팔고개 기차 터널 부근의 산기슭에서는 누구라도 쉽게 삼엽충을 찾을 수 있습니다.

철도 부근의 산기슭에 암갈색의 부서진 바위 조각들을 자세히 들여다보면 삼엽충의 머리나 꼬리, 몸체가 들어 있습니다. 그렇지만 아쉽게도 머리·몸체·꼬리를 모두 갖춘 완전한 모습의 삼엽충을 찾기란 그리 쉽지 않습니다. 삼엽충이 죽으면 머리·몸체·꼬리가 각각 잘 떨어져서 세 조각으로 분리되기 때문입니다. 그래서 삼엽충이 완전한 형태로 남아 있기는 흔치 않습니다.

공룡을 찾아서

옛날의 한국은 공룡들이 살기에 아주 적합한 환경이었습니다. 지금도 곳곳에서 많이 발견되는 공룡 발자국 화석들이 그 증거입니다. 아쉽게도 공룡의 뼈 화석은 많이 발견되지 않았지만 발자국은 많이 발견되어 세계적으로도 높은 관심을 받고 있습니다. 하지만 발자국만 가지고도 공룡의 종류, 크기, 행동 등을 알아낼 수 있으므로 공룡 발자국 역시 아주 중요한 화석입니다.

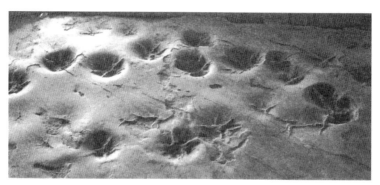

공룡 발자국

공룡 발자국을 처음 본 사람들은 이것이 발자국이라는 것을 선뜻 믿으려고 하지 않습니다. 그저 바위에 움푹움푹 패어 있는 웅덩이 정도로만 생각하고 말거든요. 하지만 조금만 자세히 살펴보면 움푹 들어간 웅덩이 주변의 바위가 약간 도톰하게 위로 밀려와 있는 것을 알 수 있습니다. 이는 마치 진흙밭에 발을 디디면 발바닥 주위로 그 아래 흙이 밀려 올라오는 것과 똑같은 현상으로 만들어진 것이지요.

또한, 약 1억 년 전에는 지구 상에 공룡만큼 커다란 체구를 지닌 동물이 존재하지 않았습니다. 물론 포유류도 함께 살고 있었지만 오늘날의 코끼리나 하마처럼 큰 것은 아니었고 대개 들쥐처럼 몸집이 작은 것들만 있었습니다. 그러므로 이 시대의 지층에서 큰 발자국이 발견되면 공룡의 것으로 믿으면 될 거예요.

어떤 사람들은 바위에 찍혀 있는 발자국을 보고 '이렇게 단단한 바위에 발자국을 찍어 놓을 정도라니, 과연 공룡이 크긴 크구나'라고 말하는 사람도 있습니다. 그러면 공룡 발자국은 어떻게 해서 바위에 남겨지게 되었을까요?

이 지역의 퇴적암이 처음부터 단단한 암석으로 되어 있지는 않았겠지요. 공룡이 살았던 당시에 이 지역에는 큰 호수가 있었고, 공룡들이 호숫가의 부드러운 퇴적층 위를 걸어가서 그 위에 발자국이 찍히게 된 겁니다. 발자국 위에 다른 퇴적물이 덮이면 발자국은 퇴적물 속에서 그대로 보존되지요.

이후 세월이 지나면서 그 위로 두꺼운 퇴적물이 쌓이고 압력을 받아 단단한 퇴적암으로 굳어지게 됩니다. 이 지층이 암석으로 굳어진 뒤 다시 지표면으로 밀려 올라오면서 침식을 받으면 공룡 발자국이 드러나게 되는 것이지요.

한국에서 처음으로 공룡 발자국이 발견된 곳은 경남 고성군에 있는 덕명리 해안입니다. 이곳 해안에서는 약 6km에 걸쳐 3,000여 개의 공룡 발자국들이 발견되어 공룡 발자국으로는 세계 3대 산지 중 하나가 되었습니다. 현재는 이곳에 공룡 박물관을 만들어서 공룡에 관한 많은 것들을 전시하고 있습니다.

경남 고성군 덕명리 해안

이 지역은 약 1억 년 전인 중생대 백악기 때의 호수에 쌓인 퇴적암으로 이루어져 있으며, 퇴적암층 위에는 공룡 발자국들이 선명하게 남아 있습니다. 또한 이곳에서는 공룡 발자국 외에 새 발자국도 발견되었습니다.

이외에 공룡 발자국으로 유명한 곳은 전남 해남군 우항리입니다. 이곳 역시 약 1억 년 전인 중생대 백악기 때 쌓인 퇴적암으로 이루어져 있습니다. 이곳에는 커다란 공룡이 남겨 놓은 별 모양의 발자국이 있어서 학계의 관심을 끌고 있습니다. 이곳이 유명한 이유는 공룡 발자국과 함께 세계 최대의 익룡 발자국과 가장 오래된 물갈퀴가 달린 새 발자국이 발견되었기 때문입니다.

익룡은 하늘을 날아다니는 파충류로, 발자국을 발견하기가 세계적으로도 그리 흔치 않습니다. 그런데 이렇게 희귀한 익

익룡

룡 발자국이 아시아에서는 처음으로 발견된 것이죠. 더군다나 이곳에서 발견된 익룡 발자국 크기는 30cm가 넘습니다. 이는 지금까지 발견된 것 중에서 가장 큽니다.

또한, 발자국 크기로 익룡의 크기를 추정해 보면 날개를 펼쳤을 때 그 폭이 20m가 넘었을 것이라고 합니다. 거의 비행기만큼 커다랗고 어마어마한 익룡이었겠지요. 이곳에는 익룡이 계속 걸어간 가장 긴 흔적이 남아 있어서 이 보행렬을 연구한 결과 익룡은 두 발이 아닌 네 발로 걸었다는 것이 확실해졌습니다.

이곳을 유명하게 만든 또 하나의 화석은 물갈퀴가 달린 새 발자국입니다. 이전까지는 오리처럼 물갈퀴가 달린 새가 지구 상에 나타난 때는 신생대 이후라고 알려져 왔습니다. 그러나 이 화석의 발견으로 출현 시기가 약 1억 년 전까지 거슬러 올라가 생물의 진화사를 다시 쓰게 되었습니다. 여기서 발견된 물갈퀴 발자국을 남긴 새는 2종류의 신종으로 인정받아 우항리크누스 전아이(Uhangrichnus chuni)와 황산니페스 조아이(Hwangsanipes choughi)로 명명되었습니다.

이곳에서는 발자국 화석들 외에도 다양한 퇴적 구조들을 볼 수 있습니다. 연흔, 건열, 사층리, 점이 층리 등과 같은 퇴적 구조들은 퇴적이 일어나던 당시 이곳의 환경을 알려 주는 소중한 자료입니다.

신생대 화석을 찾아서

경북 포항, 울산 일대에는 신생대 퇴적암이 분포하고 있습니다. 한국에서 신생대 때 형성된 퇴적암 지층은 그리 많지 않습니다. 단지 동해안 일부에만 조금씩 분포하고 있을 뿐입니다. 그러나 포항 일대에서 산출되는 신생대 화석은 그 양으로만 따진다면 고생대, 중생대 지층에 결코 뒤처지지 않습니다. 이곳에서는 수백 종의 바다 생물과 육상 생물 화석이 그야말로 무더기로 발견되고 있습니다.

물론 식물 화석과 동물 화석이 한꺼번에 같은 지층에서 발견되는 것은 아닙니다. 식물은 육지에서 살았을 테니까 육성층인 호수 퇴적층에서 발견되고 동물 화석은 대부분 해성층에서 발견되고 있습니다. 이로 미루어 볼 때 이 지역은 융기와 침강을 반복했었다는 것을 알 수 있습니다.

이곳에 분포하는 퇴적암은 옅은 갈색의 이암층이 많습니다. 이 암석은 상당히 가볍고 층리면에 따라 잘 쪼개지는 성질을 가집니다. 이 지역에서는 어디에서나 이런 암석을 두드

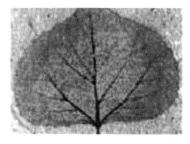

신생대 식물 화석   신생대 동물 화석

려 보면 층리면이 쉽게 떨어지면서 대부분 그 안에서 화석을
발견할 수 있습니다.

이곳에서 발견되는 식물 화석은 활엽수가 주종을 이루고
있고 그중에서도 참나무 종류가 가장 많습니다. 이것은 약
2,400만 년 전에 번성했던 것들입니다. 화석으로 발견되는
나뭇잎의 모양이 지금의 것과 아주 많이 닮아 있어서 친근한
느낌마저 듭니다.

동물 화석은 주로 조개껍데기, 소라, 굴 등의 연체동물에서
많이 발견되는데 어떤 것들은 마치 이들 껍데기들을 모아 비
벼 놓은 콘크리트로 착각할 만큼 덩어리로 발견되는 경우도
있습니다.

또한 동물 화석이 식물 화석보다 더 많은 곳에서 발견되는
것으로 봐서 이 지역이 바다였던 기간이 육지였던 기간보다
더 길었다는 것을 알 수 있습니다.

지금까지 지질 조사 얘기를 통해 우리의 생활은 지질과 밀접한 관계를 맺고 있다는 것을 알게 되었습니다. 내가 마시는 물의 수질도 지질에 따라 달라지고 우리 고장의 아름다운 경치도 결국 지질에 의해서 만들어지게 됩니다. 우리가 터전으로 삼아 살고 있는 이 땅을 사랑하기 위해서는 그 자연을 이해해야 합니다. 그러자면 자연을 만들어 낸 지질을 이해하는 것이 중요합니다.

　주위에 굴러다니는 돌멩이 하나라도 무심코 버리지 말고 한 번쯤 유심히 살펴보는 마음을 갖는 것이 지질을 이해하고 자연을 사랑할 수 있는 첫걸음이 됩니다.

자, 그럼 퀴즈를 내겠습니다. 아는 사람은 맞춰 보세요.

네~!!!

한국에서는 주로 평안도와 강원도에서 발견되는 화석으로 머리, 몸체, 꼬리로 되어 있으며 '세쪽이'라고도 하는 화석은 뭘까요?

세쪽이

삼엽충이요.

맞아요. 삼엽충은 작게는 0.5mm에서 70cm에 이를 만큼 종류가 다양하지요. 한국에서 지금까지 발견된 삼엽충 화석만 해도 200종이 넘는답니다.

그럼 두 번째 문제를 낼게요. 이 동물의 화석은 경남 고성군에 있는 덕명리 해안에서 처음 발견되었습니다.

덕명리 해안?

옛날에 한국은 이 동물이 살기에 아주 적합한 환경이었으며, 곳곳에서 이 동물이 남겨 놓은 발자국을 아주 많이 발견할 수 있습니다. 이 동물은 뭘까요?

공룡이요.

네, 맞아요. 그리고 삼엽충이나 공룡 외에도 경북 포항, 울산 일대에서는 식물 화석이 많이 발견되고 있답니다.

지질학의 아버지
라이엘 Charles Lyell, 1797~1875

16~17세기의 과학 혁명 이후 모든 자연 현상을 종교주의 영향에서 벗어나 자연 법칙을 이용하여 설명하려는 노력이 진행되었습니다. 17세기의 뉴턴(Isaac Newton)과 18세기의 라부아지에(Antoine Lavoisier)가 각각 물리학과 화학에서 이런 역할을 해냈습니다. 그런데 16~17세기 과학 혁명 이후에도 지질학과 생물학에서만큼은 종교의 영향을 크게 벗어나지 못하고 있었습니다. 이러한 지질학을 종교에서 분리, 독립하여 근대 과학으로 발전시킨 사람이 바로 '지질학의 아버지'라 불리는 라이엘입니다.

1816년에 옥스퍼드 대학에 진학한 라이엘은 법률을 전공

하였지만, 버클랜드 교수의 광물학과 지질학을 수강한 후 지질학에 많은 관심을 가지게 되었습니다. 따라서 대학 졸업 후 법률가로 활동하면서도 지질학에 대한 연구는 끊임없이 이루어졌습니다.

초기의 라이엘은 그의 스승을 따라 격변설을 지지하였으나, 답사 여행과 연구를 거듭하면서 동일 과정설을 지지하게 됩니다. 그는 풍부한 증거 자료와 엄밀한 추론으로 동일 과정설을 체계화하고자 하였습니다. 따라서 1920년대 후반부터 자신의 생각을 책으로 담기 시작하여 1830년부터 1833년까지 총 3권으로 이루어진 《지질학 원론(Principles of Geology)》을 출판합니다.

다윈의 《종의 기원》 집필을 독려한 사람도 라이엘이라고 합니다. 시력을 거의 상실한 라이엘은 78세 되던 해에 《지질학 원론》 12번째 개정판을 재정리하다가 영원히 잠들었습니다.

웨스터민스터 사원에 잠든 그의 비문에는 '자연의 질서에 대한 끈질긴 연구로 지식의 지평을 확장시키고, 과학적 사고에 영원한 영향을 남기다'라고 쓰여 있다고 합니다.

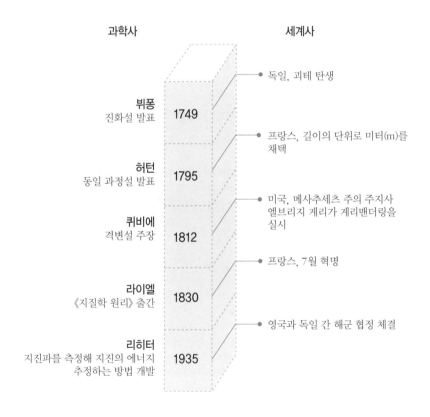

언제, 무슨 일이?

과학사　　　　　　　　　　　　　세계사

● 독일, 괴테 탄생

뷔퐁
진화설 발표　　1749

● 프랑스, 길이의 단위로 미터(m)를
채택

허턴
동일 과정설 발표　　1795

● 미국, 메사추세츠 주의 주지사
엘브리지 게리가 게리맨더링을
실시

퀴비에
격변설 주장　　1812

● 프랑스, 7월 혁명

라이엘
《지질학 원리》출간　　1830

● 영국과 독일 간 해군 협정 체결

리히터
지진파를 측정해 지진의 에너지
추정하는 방법 개발　　1935

1. 지질 조사를 할 때 필요한 도구 중 지층의 주향과 경사를 측정하거나 어느 지점의 고도를 측정할 수 있는 기구를 ☐☐☐☐ 라고 합니다.

2. 퇴적암에서는 지층이 쌓여 갈 때 그 당시의 주변 환경에 의해 만들어지는 구조가 나타납니다. 퇴적암에 나타나는 이런 구조를 ☐☐ ☐☐ 라고 하며, 이러한 구조에는 사층리, 점이 층리, 건열, 연흔 등이 있습니다.

3. 지층 속에 보존된 과거 생물의 유해, 인상, 흔적으로서 생물체의 구조를 알 수 있는 것들은 모두 ☐☐ 이라고 합니다.

4. 지질 시대 중 ☐☐☐ 는 선캄브리아대 이후부터 약 2억 5100만 년 전까지를 말합니다.

5. 쥐라기 말인 약 1억 5000만 년 전 무렵에 한국에서는 ☐☐ ☐☐ 운동이라는 엄청난 지각 변동이 있었는데, 이때 큰 압력이 작용하면서 그동안 쌓여 왔던 지층들을 모두 뒤틀어 놓았습니다.

1. 클리노미터 2. 퇴적 구조 3. 화석 4. 고생대 5. 대보 조산

현재 지구 곳곳에는 지구를 모자이크처럼 둘러싸고 있는 다양한 크기의 판들이 여러 방향으로 움직이고 있습니다.

판들의 충돌이 이루어지면 압력과 열에 의하여 충돌한 주변의 암석과 광물의 성질이 변하게 되고, 대륙과 대륙이 충돌하는 곳에서는 고온, 고압의 환경이 만들어지는데, 이때 에클로자이트란 광물이 만들어지기도 합니다.

그러나 이런 광물은 땅속 깊은 곳에 있기 때문에 잘 발견되지 않습니다. 지표면이 침식되어 깎여 나가고, 이때 가벼워진 만큼 아래에서 땅이 솟아오르는데, 이런 과정에 의해 깊은 곳에 있던 맨틀 물질이 지표로 노출되게 됩니다. 즉, 충돌대의 증거를 찾게 되는 것이지요.

따라서 에클로자이트와 같은 변성 광물이 발견되는 지역은 과거에 큰 충돌이 있었다는 증거가 됩니다. 충청남도 홍성에서 발견된 에클로자이트는 남한과 북한이 본래부터 한 덩어리가 아니고 두 대륙이 충돌하여 만들어졌다는 것을 알려줍니다. 그리고 대륙이 충돌하려면 이동을 해야 하는데, 이동에 대한 증거 자료로는 고지구 자기를 이용합니다.

이러한 증거를 바탕으로 한반도의 이동 방향을 추정한다면 2억 년 후에는 북아메리카 대륙과 충돌하게 됩니다. 이때에도 충돌의 결과 변성 광물인 에클로자이트 등이 형성될 것이며, 히말라야 같은 높은 습곡 산맥도 만들어질 것입니다. 물론 지금의 태평양은 사라져 버릴 것입니다. 그리하여 한반도 주변의 기후에도 많은 변화를 가져올 것입니다.

과거에 모든 대륙이 하나로 뭉쳐 판게아를 이루었듯이, 미래에도 모든 대륙이 하나로 뭉쳐 커다란 제2의 판게아를 이루게 될 것이며, 이 초대륙의 중심에 한반도가 놓이게 될 것입니다. 이때의 한반도는 지금처럼 푸른 산과 숲이 있고 강물이 흐르는 땅이 아닌 사막이 되어 있을 것입니다. 미래의 초대륙은 아마시아, 노보판게아, 판게아 프록시마 등 학자마다 조금씩 다른 모습을 제시하지만 어찌되었든 미래에 모든 대륙은 하나로 뭉친다는 것이 사실입니다.